奔小康科普书屋

奶牛高效益生产技术

孟宪泽　孟庆仁　编著

黑龙江科学技术出版社
中国·哈尔滨

图书在版编目(CIP)数据

奶牛高效益生产技术/孟宪泽等编著.—哈尔滨：黑龙江科学技术出版社，2008.2

(奔小康科普书屋)

ISBN 978-7-5388-5698-9

Ⅰ.奶…　Ⅱ.孟…　Ⅲ.乳牛-饲养管理　Ⅳ.S823.9

中国版本图书馆CIP数据核字(2008)第020430号

责任编辑　蔡伟俊

封面设计　刘　洋

奔小康科普书屋

奶牛高效益生产技术

NAINU GAOXIAOYU SHENGCHANG JISHU

孟宪泽　孟庆仁　编著

出版　黑龙江科学技术出版社

(150001哈尔滨市南岗区建设街41号)

电话(0451)53642106　传真53642143(发行部)

印刷　哈尔滨市工大节能印刷厂

发行　全国新华书店

开本　850×1168　1/32

印张　3.75

字数　62 000

印数　1–5 000

版次　2008年8月第1版·2008年8月第1次印刷

书号　ISBN 987-7-5388-5698-9/S·686

定价　10.00元

播种绿色的希望

《奔小康科普书屋》丛书是针对我国北方地区的独特地域条件、人文特点、农民的实际文化程度和农村生产、生活及精神文明建设的需要量体裁衣而做的，其内容包括种植技术、养殖技术、农业综合技术、 农民经营管理、农村卫生保健常识等方方面面。本套丛书概括起来具有以下特点：一是内容新，科技含量高。书中有农业技术的新成果，致富的新路子、新方法。重点是把先进的科学知识、先进的经营管理知识介绍给广大农民读者。二是涉及面广。涉及到了农村的生产和生活的各个方面，包括种植、养殖、加工、农民经营管理和农民卫生保健等农民迫切需要的知识和技术，为广大农民提供多方面的指导和信息咨询。三是实用性和可操作性强。坚持少讲为什么，多讲怎么办，去掉那些纯理论的东西和空泛的议论，把农业生产的关键技术和信息传递给广大农民。

《奔小康科普书屋》内容实用，言简意赅，携带方便；广大农民读得懂，买得起，用得上；既是农民脱贫致富的好老师，也是县、乡（镇）、村干部探索解决“三农”问题的好帮手。我们衷心地希望，奔小康科普书屋工程能够将先进的科学技术送到农村、带给农民，播撒在这片肥沃的黑土地上，播种出生机勃勃的绿色希望！同时我们也诚挚地祝愿，广大农民兄弟尽快依靠科技脱贫致富，尽早过上殷实美满的幸福生活。

目录

选择良种

我国主要的奶牛乳用品种为中国荷斯坦牛，主要的乳肉兼用品种为西门塔尔牛。

中国荷斯坦牛

我国饲养的奶牛主要品种为中国荷斯坦牛，原称中国黑白花奶牛。1992年经农业部正式命名为中国荷斯坦牛。现在我国饲养的荷斯坦牛有3个来源：一是从美国、加拿大等国引进的荷斯坦牛纯繁的后代，称为大荷兰。二是从欧洲的德国、法国、丹麦等国引进的荷斯坦牛纯繁的后代，称为小荷兰牛。三是引进的荷斯坦种公牛与本地牛杂交，或用乳肉兼用牛与本地牛杂交，级进杂交，横交固定，经长期选育而成。

上述中国荷斯坦牛大部分集中在大中城市郊区和农区饲养，用于供应鲜奶和生产奶粉及其他乳制品。也有一部分奶牛饲养在牧区，以自食奶为主；近些年由于经济的发展，多数牧民由游牧转为定居，生产的牛奶也开始提供商品奶。

由于各地引进的荷斯坦公牛和本地牛类型不同，以及饲养环境条件的差异，中国荷斯坦牛的体格不够一致，基本上可分为大、中、小3个类型。

大型：主要引用美国、加拿大荷斯坦公牛与本地牛长期杂交和横交而培育的荷斯坦牛，成母牛体高136厘米以上。

中型：主要引进德国、日本、丹麦等国的体型中等的荷斯坦公牛与本地牛杂交及横交培育而成，成母牛体高133厘米以上。

小型：主要引进荷兰等国欧洲型荷斯坦奶公牛与本地牛杂交培育而成，成母牛体高为130厘米。

20多年来，由于冷冻精液人工授精技术的应用，以及多次从欧洲、美洲以及澳大利亚等地引进种公牛和冻精，加之种公牛站的建立和完善，饲养条件不断改善，科技含量不断增加，各类型的差距也在不断缩小。目前来看，中国荷斯坦奶牛多为乳用型。有极少数个体稍偏兼用型，具有明显的乳用特征。

(1)体型外貌特征。头、颈、肩胛、后肢等部分棱角与轮廓明显，皮肤薄有弹性，毛细有光泽，体高大坚实，各部位毛色黑白界线分明。

体型：体躯长、深、宽，肋间距宽长而开张，背平直，腹下垂，尾长、平、宽。

成年牛侧看、上看和前看分别呈3个不同的楔形(图1)。

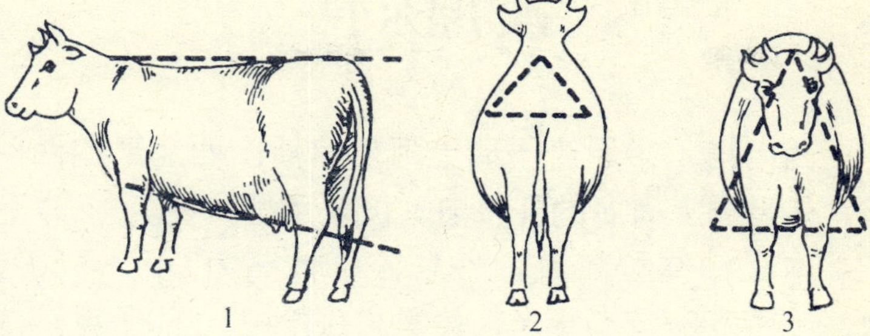

图1　中国荷斯坦奶牛体型特征

后躯发达，乳房容积大，结构良好，乳静脉粗大，多弯曲，乳井大而深。乳房向前延伸，附着紧凑，乳腺发达，柔软而有弹性，4个乳区匀称，后乳区高、宽且圆，乳头大小适中，垂直呈柱形。

肢蹄：前后肢坚实，关节明显，蹄形正，蹄质坚实，蹄底呈圆形。

(2)产奶性能。据统计，21 905头中国荷斯坦奶牛305天各胎次平均产乳量为6 395千克，平均乳脂率为3.56%。

(3)繁殖性能。中国荷斯坦奶牛性成熟早，具有良好的繁殖性能。据统计资料表明，年平均受胎率为88.8%，情期受胎率为48.9%，全国各地10万头可繁殖母牛统计繁殖率为89.1%。

(4)产肉性能。据测定，未育肥的淘汰母牛屠宰率为49.5%～53.5%，净肉率为40.3%～44.4%。经过育肥的24个月龄的公牛屠宰率为57.0%，净肉率为43.2%。

西门塔尔牛

西门塔尔牛原产于瑞士阿尔卑斯山西北部的西门谷，是世界上有名的乳、肉、役兼用型品种。

本品种体型高大，各系公牛体高为145~150厘米，胸围225~230厘米，体重1 000~1 150千克。成年母牛以德国的较大，体高134.8厘米，体长158.6 厘米，胸围206.3厘米，体重669.5千克。前躯比较发达，中躯呈圆筒形。骨骼坚实而不粗糙，肌肉发育良好。皮肤厚而有弹性，被毛浓密，额及颈上部多卷曲毛。毛色呈黄白花，头与四肢下部为白色。头大额宽，鼻长直，角粗而扁平，颈长而充实，肉垂发达。胸宽深，肋扩张。肩胛宽圆，背中等长而宽平，腰宽而肌肉丰满。尻长平，富肌肉。尾较粗，附着高。乳房发育中等，乳头粗大。四肢长而强壮，蹄质坚硬。

繁殖性能比较晚熟，产第一胎为29.3个月，妊娠期较长，平均为289天，属于妊娠期最长的牛种。德国系的成母牛难产率为5%，初产牛难产率为8.1%~12.6%。正常分娩率仅为75.9%。初生牛犊2日内死亡率为8.9%。

生产性能很好。由于饲养水平不同，产奶量差异很大，泌乳期一般在300天左右，平均单产为4 520千克(世界最高纪录达12 702千克)，乳脂率为3.97%。在黑龙江地区饲养的德国系西门塔尔牛，第三胎产奶量达到3 563千克，饲料报酬为0.36饲料单位。肉用性能很好，胴体质量高，肉质好而细嫩，肋条肉质量也好。肌肉内贮积脂肪较多，呈大理石状。育肥后的屠宰率可达64%，高价切块占41.3%，胴体脂肪占15%，骨骼占14%。未经育肥的17个月龄公牛，活重达394千克，屠宰率为54%，净肉率为44%。而偏于肉用的西门塔尔牛，生长速度快，肉质好，其瘦肉比例、眼肌面积、优质切块比重等项指标，不低于夏洛来肉牛。

选择奶牛的技术要点

在生产实践中，选择奶牛应注意以下3点：

(1)体型外貌好。奶牛的体型外貌与生产性能、健康状况都有密切相关。从体型上看，高产奶牛多呈现出3个三角形。看的时候，要把牛牵到平坦的地方，站立的姿势要端正。这时从侧面看，后躯深、前躯浅、背线和腹线向前伸延相交，似呈三角形。从前面看，以耆甲为顶点，顺两侧肩部向下引两条直线，两条线距离越往下越宽，呈三角形。再从上面向下看，后躯宽，前躯窄，两体侧线在前方相交，又近似三角形。这样的母牛，后躯大，消化、生殖、泌乳等器官发达，采食好，产奶量就高。从外貌看，全身皮肤薄、致密、有弹性。被毛细短、有光泽。肌肉发育适度，皮下脂肪少，血管外露，体态轻盈、优美、好看。毛色为黑白花，黑白分明，不可强求各占多少。头要稍小、狭长，眼大而有神，鼻镜宽、鼻孔大，不可要公牛头相。颈要窄长，两侧多皱纹，垂肉要小。耆甲和肩要长而平；双耆甲、尖肩、圆肩是体弱的表现。胸部要深、长，开张良好。背、腹要平、直、宽。腹部，内有消化、生殖器官，与生产性能关系很大，所以腹要宽、大、深、圆。卷腹、垂腹不好。尻部要长、宽、平、方。两腰角距离要宽，肌肉充实。四肢要求端正、结实、健壮。乳房要体积大，形状为方、圆，向前、向后延伸，附着良好。用手触摸弹性好，如海绵状。4个乳区发育均匀，乳房皮薄，背稀疏短毛。乳房下垂，山羊乳房，不均匀的乳房都不好。乳头的大小适中，排列整齐，分布均匀。乳井大而深。

(2)生产性能高。对母牛来说，生产性能高，主要指产奶量和乳脂率高。在一般的情况下，年产奶量在5 000千克，乳脂率3.5%以上才能算较好的母牛。从产犊后第一天开始到305天为止，产奶量的总和即是这头牛年产奶量（超过部分不计算在内）。在正常情况下，母牛产奶量从第一胎开始，到第五胎是逐胎上升。如第一胎产奶量为5 000千克，第三胎达6 000千克，第五胎可达7 000千克，以后各胎产奶量递减。母牛的胎次和年龄是一致的，能鉴别出年龄，胎次也就好鉴别了。

(3)品种、血统纯。奶牛各品种都有独自的特点和一定生产性能。仅黑白花奶牛这个品种就有几个类型。

一是欧洲型：体格中等，年产奶在5 000千克左右，兼有一定的肉用性能，乳脂率较高，适于大群饲养。二是美、加型：体格大，产奶量高。成年母牛体重达680千克，体高达140厘米以上，产肉性能差，对饲养条件要求比较严格。三是中国型：体躯健壮，适应性强，乳房发育好，泌乳期270～305天，个体高产达上万千克，乳脂率3.5%，繁殖性能好，也具有一定的肉用性能。因此，同是黑白花奶牛，来自不同类型的后代，体型外貌、生产性能等都大不一样。因而，在买牛或选留种牛时，应十分注意查看系谱，即该牛的祖宗三代。在正常的情况下，如果母牛的亲代、祖代生产性能高，繁殖力强，利用年限长，其后代也是比较好的。

纯种奶牛和杂种奶牛的区别

用黑白花奶牛公牛改良本地牛所产的杂种牛，虽然与黑白花奶牛有许多相似的地方。但是，差别还是很大的。不仅在种性上有根本区别，在生产性能上差别就更大了。第一，杂种牛的遗传性很不稳定，它的后代的性能会产生分离现象，有的可能很好，有的就很差。第二，生产性能较低。用做杂种的母牛，多是低产牛，虽然用高产的黑白花奶公牛配种，所获得的后代遗传力仅占30%左右。因而，生产性能比原来的母本高些，但比纯种黑白花父本相差很多。第三，体型外貌差别大。以黑白花奶公牛改良黄牛为例，杂种牛个头小，基本还是黄牛相，被毛较粗、长，黑白不太分明，有的有红、黄毛梢；头较大，笨重，胸窄，肋骨开张差，腹小，背腰窄短，尻部尖、斜的多，坐骨距小，特别是乳房、乳头、乳井很小，乳静脉不明显；性情不太温顺，能耐粗放饲养管理，生产性能较低。随着改良代数的增加，改良牛也在逐渐接近纯种黑白花奶牛。在较合理的条件下，经过三四代的改良和选育，改良牛基本上接近于一般的黑白花奶牛。

怎样鉴别奶牛的年龄

奶牛的年龄与其发育、生产能力有直接关系。只有了解每头母牛的年龄，才能有针对性地进行饲养管理。如果记录健全，从卡片等资料上就可以知道牛的年龄。但是，有的牛没有这方面的资料，就要通过外貌、角齿等鉴定方法去判定年龄。

(1)根据角轮鉴定年龄法。因营养的原因，母牛每次怀孕都会出现一个角轮，因此根据角轮的数量可以鉴定年龄。母牛大体上在1.5岁左右配种，在2.5岁左右产头胎，其后一般每年怀孕、产犊一次。所以，某母牛的年龄应当是它的角轮加上1.5。

当发生流产或休产时，角轮间隔变宽。

(2)根据牙齿鉴定年龄法。奶牛牙齿的出生，奶牙

(乳齿)换生永久齿，牙齿的形状，咀嚼面的磨灭程度等，随年龄的增长，其变化是很有规律的。据此可以作出比较准确的年龄鉴定。

奶牛正常的牙齿构成是，乳齿共20个，永久齿32个。其排列的齿式是：

$$乳\quad 齿\Rightarrow \frac{0,3,0,0,0,0,3,0}{0,3,0,4,4,0,3,0}\Rightarrow 20个$$

$$永久齿\Rightarrow \frac{3,3,0,0,0,0,3,3}{3,3,0,4,4,0,3,3}\Rightarrow 32个$$

奶牛的切齿(俗称门牙)，只是下额生有4对。从最前面开始往后数，分别是钳齿、内中间齿、外中间齿、隅齿。上鄂没有切齿。犊牛出生时，有2~3对乳切齿(奶牙)，生后2~3周，第4对乳切齿出生。以后每到一定年龄脱落一对切齿(从钳齿开始向外，依次进行)，换生一对永久切齿。

乳齿的特点是：白色、个小，有明显的齿颈。永久齿则与此相反：个大、色淡黄。二者很容易区别。

奶牛的臼齿(俗称槽牙)，到成年时上下额的两侧各有6个，前3个称为前臼齿，后边3个称为后臼齿，上下左右共24个，犊牛出生时上下左右各有3个乳前臼齿，到生后30~43个月，脱落换生永久齿。后臼齿都是生后到一定年龄出生的，并且生出来就是永久齿。

奶牛切齿和前臼齿的换生和年龄鉴定(图2)。

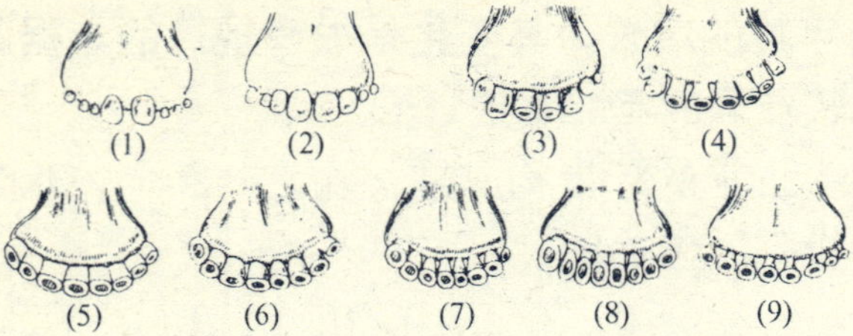

图2　奶牛切齿和前臼齿的换生和年龄鉴定

(1)1.5～2岁　(2)2.5～3岁　(3)3.5岁　(4)4.5岁

(5)5.5岁　(6)6.5岁　(7)8岁　(8)9岁　(9)11岁

怎样测定奶牛的体尺和体重

为了掌握奶牛的生长发育状况，要定期称重，最好的方法是用地秤实测，这样比较准确。如果没有地秤，也可以用卷尺测量胸围和体斜长的长度，然后按公式推算出奶牛的体重。

公式:奶牛体重(千克)=[胸围(米)]^2×体斜长(米)×90

称重应在清晨饮水、喂饲之前进行。还要连续称量两次，取其平均数。

体尺测定，主要有以下12个项目:

(1) 体高：从耆甲的最高点到地面的垂直距离。

(2) 十字部高:两腰角连线的中点到地面的垂直距离。

(3) 体斜长：从肱骨突最前缘到坐骨结节后缘之

间的距离。

(4) 体直长：从肱骨突最前缘作一垂线，再于坐骨结节后缘作一垂线，测量两线之间的水平距离。

(5) 胸深：肩甲软骨后角从耆甲上端到胸骨上缘的垂直距离。

(6) 胸宽：沿肩胛骨后角量最宽处的水平距离。

(7) 腰角宽：两腰角外缘之间的距离

(8) 髋宽：两侧髋关节的直线距离。

(9) 胸围：肩胛骨后缘处的体躯垂直周径。

(10) 腹围：腹部最粗部位的垂直周径，于喂饱后量之。

(11) 腿围：后肢膝关节处的水平周径。

(12) 管围：前肢掌骨上1/3处的周径（最细处）。

奶牛的寿命和利用年限

奶牛的寿命因品种不同，以及自然条件、环境、饲养管理与利用程度等而有不同。一般的动物寿命为其达到成熟时的5倍。奶牛体完全成熟，大体在生后4～5年，所以奶牛的正常寿命在25年左右。但是，利用的年限长短，对养奶牛的效益关系很大。在一般情况下，奶牛在3～4胎时泌乳能力最高。但是饲养管理得法，老龄母牛产奶量也不比头胎、二胎产奶量低。因此，过早地淘汰奶牛，在经济上是很不合算的。犊牛从出生到产奶要花费两年多的时间才能育成，这期间只能支出，没有收益，而产犊后的经济收益，需要两产的时间才能补偿过来。纯经济收入只有在第三、第四胎以后。因此，尽可能地延长奶牛的利用年限，在经济上是十分有利的。然而奶牛是经济动物，实际上可以利用的年限，即具有经济性的年限，则比其寿命要短的多。

据统计，一般奶牛产9胎以上的很少。那么供繁殖利用的年限多长才合适呢？在正常情况下，一般为8～10岁，长的12～13岁，产6～9胎。黑白花奶牛一般生后26个月左右产头胎，其后的胎次与分娩间隔越来越长。如头胎到二胎的间隔为13.3个月，二胎到三胎的间隔为14个月，三胎到四胎的间隔为14.8个月，四胎到五胎间隔为17.5个月，平均为15.4个月。即是说由于年龄变大，分娩间隔加长。

全价饲喂

奶牛需要哪些营养物质

奶牛在维持其生命活动和产奶、产肉的过程中，需要各种各样的营养物质，才能保证机体正常的活动和生产。

1.能量需要

能量是维持奶牛生命活动的必须物质。在生长中的幼牛除了维持基础代谢所需要的能量外，还要满足其生长发育的能量需要。对怀孕的母牛，如不补充足够的胎儿发育所需要的能量，那么胎儿发育就会受到很大的影响。母牛在泌乳期间必须根据产奶量给予补充，增加额外的能量才能保证产奶。

奶牛所需要的能量来源于饲料中的碳水化合物(糖类)、脂肪和蛋白质，它们所产生的热量是不同的。

在拴系饲养条件下，奶牛维持能量的需要较少。在散放条件下，维持能量比拴系饲养增加5%～10%。在放牧条件下，牧草好的地方可增加10%，牧草差的地方增加20%。由于游走需增加维持需要，每公里约增加3%。在严寒地区还要增加8%的日粮。

2.蛋白质需要

奶牛对蛋白质的需要仅次于能量。可消化粗蛋白对维持和产奶的综合利用效率约为65%。1千克含脂率4%的标准乳含蛋白质34.98克，需要可消化粗蛋白质为53.8克。据产奶母牛氮平衡试验，平均体重在630.7千克，日产标准奶22.34千克，日进食可消化粗蛋白质1 497克，体重和产奶保持平衡，氮平衡为5.5克/(天·头)，如果维持需要量按2.9 $W^{0.75}$计算，则：

$2.9\times630^{0.75}=364.7$（克）

1 497−364.7=1 132.3（克）

1 132.3÷22.34=50.7(克)（可消化粗蛋白/千克标准乳）

妊娠母牛在怀孕后期，由于胎儿生长很快，氮的沉积量增加，因此在怀孕的后3个月要在维持的基础上增加蛋白质供给量。如母牛怀孕到200天时，子宫内蛋白质沉积每天为34克；250天时，达83克；280天时，达144克。乳腺的蛋白质在怀孕200天时，每天沉积7克；250天时，达22克；280天时，达44克。

3.矿物质的需要

各种矿物质是奶牛体组织的重要组成成分，除了维持生命需要外，奶牛产的奶、肉中都含有必需的矿物质，必须从饲料中给予补充。奶牛需要的矿物质种类很多，现已知至少有15种元素是奶牛所必需。这些

元素大体可划分为两大类:

(1)常量元素。指钙、磷、氯、钠、钾、硫、镁等。

①钙和磷。占奶牛体内全部矿物质的65%~70%，大部分在骨骼和牙齿中，肌肉、腺体、神经含磷较多。奶牛饲料中缺乏钙、磷时，早期症状为食欲减退，增重的速度变慢，产奶量下降，饲料的利用率低。长期缺钙由于骨质中的钙动用的过多，引起骨质变化，造成跛行，关节僵直，以致于发生骨折。怀孕期缺钙则母牛分娩后易发生瘫痪。幼畜缺钙易患佝偻病，成年奶牛则表现为溶骨症。

奶牛对钙的需要表现在3个方面。一是产奶需要。1千克含脂肪4%的标准奶含1.23克钙，日产30千克奶，从奶中排出钙为36.9克，日粮中的钙按45%吸收，则每千克奶需进入2.7克钙，30千克奶需82克钙。二是维持生活需要。奶牛的维持需要钙每100千克体重为6克。三是育儿需要。妊娠后期胎儿钙的沉积量很大，胎儿75%的钙是在妊娠后期2个月沉积的。因此在妊娠7个月时,在维持基础上,增加9克钙,第8个月增加16克,第9个月增加25克。而磷80%存在于骨中，骨中的钙、磷比为2：1，乳中的比例为1.3：1。日粮中钙磷的比例为(2：1)~(1：1)的情况下吸收率最高。对泌乳和妊娠的母牛，钙磷比例以(2：1)~(1：1)为宜。钙的吸收与维生素D有关系，维生素D缺乏，会影响钙的吸收。

生长中的青年奶牛，对钙、磷的利用率随日粮中饲料的种类不同有很大变化，平均约为70%（表1）。

表1　常用钙磷补充料的钙磷含量/%

种类	钙	磷
骨粉	24～29	12～14
骨灰	27	12
磷酸氢钙	23～26	18～21
去氟磷灰石	23～29	13～15
石灰石粉	38	
碳酸钙	40	
贝壳粉	38	

②食盐。也称氯化钠。奶牛喂青贮饲料时，比喂干草时需要的盐多，喂青绿多汁饲料时要比喂枯老饲料时多，喂粗饲料时要比喂精饲料时多。当饮水充足时。奶牛能耐受较大的盐量。采食过量的食盐，会引起奶牛中毒。

在每千克奶中含钠为0.63克，含氯为1.15克，所以产奶牛比一般牛需食盐多。日产奶20千克的母牛，要供给食盐40克。当奶牛缺食盐时，表现出舔食有咸味的异物，食欲下降，眼无光泽，被毛粗糙，产奶量下降。

③钾和镁。生长中的幼牛和产奶的母牛，对钾的需要量为日粮干物质的0.6%～0.8%。牛体中含镁量约为体重的0.05%，其中有60%贮存在骨骼中，过剩的则排到尿中。日产奶10千克的母牛需镁13.8克，日产20千克奶的需镁20.1克，成年怀孕母牛日需镁7.8～9.4克。50～400千克体重的生长牛每天需要量为：日增重

0.33千克的为0.4～6.6克，日增重0.5千克的为0.5～7克，日增重1千克的需0.8～8克。

饲料中钾不足时，食欲减退，被毛无光泽，皮肤弹性差，生长速度慢，饲料利用率低。而缺镁时，食欲下降，充血、敏感、痉挛，唾液增多，口中有泡沫，严重时死亡。在缺镁地区，每日可补镁20克用以预防，常用的有氧化镁。

(2)微量元素。主要有碘、钴、铜、铁、钼、锰、锌、硒、氟、铬等元素。近年来研究指出，奶牛必需的微量元素，不仅是奶牛体组织中不可缺少的组成成分，也是若干酶的成分和酶的活化剂。由于这些元素需要量很少，在饲喂多种青粗饲料和混合精料的情况下，基本上可以满足需要，如果饲料比较单一或地区性的土壤缺少某种元素时，则必须补充这些元素。

①碘。碘为甲状腺素的成分，能调节细胞的氧化速度。在某些地区缺碘，饲料和水含碘低。母牛产体弱犊牛，易发生甲状腺肿大或产死胎。一般认为，奶牛每天甲状腺素的分泌量为每100千克体重0.21～0.31毫克，相当于0.14～0.2毫克碘。如牛奶中含碘低于20微克/升，则表明日粮中碘太少。长期不足会使产奶量下降，同时出现缺碘症状。但如果日粮中长期含50～100毫克/千克的碘，则会出现碘中毒。

②硒。缺硒有明显的地区性，主要表现为肌肉营养性障碍即白肌病，其症状与维生素E缺乏症相似。常见的有心力衰竭和麻痹，以致跛行，甚至不能站立，

舌肥大，凹背或背部摇摆。在每千克日粮干物质含硒0.05～0.10毫克时，很少发生缺硒症状。对怀孕和泌乳母牛，每千克日粮干物质用亚硒酸钠补充0.1毫克时，能防治缺硒症。硒为剧毒元素，每千克日粮干物质中含硒5毫克，即可以引起中毒。其症状为：食欲减退，尾部脱毛，蹄甲脱落，最后死亡。

③钴。钴是维生素B_{12}的主要成分，因此是瘤胃微生物合成维生素B_{12}的重要元素，饲料中缺钴会降低维生素B_{12}的合成量。长期缺钴的日粮，会逐渐消耗肝脏及体组织的贮存的维生素B_{12}，缺钴主要发生在缺钴地区。

奶牛对钴的需要量约为每千克饲料中干物质含0.07～0.10毫克。对缺钴地区每100千克食盐中混入60克硫酸钴或40～50克碳酸钴是有效的办法。但过量会引起中毒。缺钴会引起食欲减退，生长速度减慢，体重下降，产奶量下降，粘膜苍白，被毛粗糙，步态蹒跚。

4.维生素的需要

奶牛的瘤胃能合成维生素B族和维生素K。维生素C在体内也可以合成。但维生素A不能合成，维生素D及维生素E合成的量少，必须由饲料补充。

（1）维生素A。青饲料中含有的胡萝卜素，在奶牛体内可以转化成维生素A，在饲喂大量青绿饲料的情况下，维生素A不会缺乏，当喂给秸秆为主的粗饲料时，则必须考虑维生素A的补充，青绿饲料在较长时间贮存后，会因氧化而丧失胡萝卜素，所以也要补充。

奶牛维生素A轻度缺乏时，其采食量下降，增重速度慢，严重时呼吸道、口腔、眼、肠道等粘膜退化，易感染感冒、肺炎、腹泻，进而引起眼角膜变软、起翳、夜盲等。繁殖母牛则表现为发情持续，孕期缩短，胎衣滞留，死胎，犊牛眼瞎、体弱等。

奶牛对胡萝卜素的维持需要每100千克体重为10毫克，犊牛每100千克体重为10～11毫克，繁殖母牛每100千克体重为10～20毫克，妊娠后2个月要增加。

(2) 维生素D。为类固醇的衍生物，其中主要是维生素D_2和维生素D_3具有营养意义。维生素D_2由存在于植物中的麦角固醇，经紫外线照射而成。维生素D_3是动物皮肤中无活性维生素D_3（7-脱氢胆固醇），经日光照射后产生的。

缺维生素D会影响钙、磷的代谢，从而引起幼畜佝偻病。骨中灰分减少，易发生骨折，病情发展时，关节粗大，前肢向前或向侧弯曲，弓背，严重时行步僵直，后肢拖曳，怀孕母牛可引起死胎、弱产。犊牛每100千克体重应供给维生素D666单位，成年母牛每天每头需要5 000～6 000单位。

(3) 维生素E。犊牛缺乏维生素E时可导致白肌病的发生。患畜行走时后肢呈交叉状，系部松弛，严重时则不能站立，比较多的症状为心脏衰弱和麻痹，以致突然死亡，繁殖母牛缺乏维生素E时，会导致发情不明显，甚至屡配不准。

奶牛的消化生理特点

奶牛是反刍家畜，以食草为主，它的消化器官跟猪、鸡显然不同。其消化道由口腔、食道、一个复杂的4个房室的反刍胃、小肠和大肠组成。

奶牛的胃包括瘤胃、蜂巢胃、瓣胃、皱胃4个部分，瘤胃是饲料的贮藏室，又是个发酵室。奶牛在采食时，未经充分咀嚼即吞咽下去，待休息时再把瘤胃内饲料返回口腔，重新细细咀嚼，并混入碱性唾液，然后吞咽下去，这个过程称之为反刍，牛也因此被划为反刍家畜。在奶牛的4个胃中，瘤胃最大，容量最大可达250升左右，占4个胃总容量的78%～85%。其内有大量的微生物和纤毛虫，每克内容物中含有细菌和纤毛虫多达10亿至数百亿个。这些微生物群，在瘤胃的适宜环境中对粗饲料进行分解、发酵，从而将饲料中粗纤维的纤维素分解成容易消化吸收的淀粉、糖，产生低级挥发性脂肪酸，参与体内代谢，以供应能量、合成脂肪。这样就将植物性蛋白转化为菌体蛋白；瘤胃细菌又可合成必需氨基酸和B族维生素等。瘤胃中的微生物每昼夜大约合成180克菌体蛋白和比较稳定的氨基酸，以供给机体吸收利用。蜂巢胃也称网胃，蜂巢胃的结构呈袋状，位于腹腔的前方，与瘤胃相连，奶牛吃的浓缩饲料，直接进入这个胃里。瓣胃是个球形的结构，内有一片片的书页样组织，此胃吸收消化道的水分和其他物质。皱胃又称真胃，真胃是惟一含有颗粒状内膜的胃室。此胃相当于单胃动物的胃，未经瘤胃分解的蛋白质，在此经蛋白酶与胰蛋白酶作用下分解成氨基酸。

小肠内消化瘤胃未消化的碳水化合物，在胰淀粉酶、麦芽糖酶的作用下，变成葡萄糖经肠壁吸收。盲肠与结肠在细菌发酵作用下，再次分解未被消化的碳水化合物，变成挥发性脂肪酸，送入肝脏参与代谢被消化吸收，通过血液送到体脂肪处存积或形成乳汁中的脂肪。

奶牛采食饲料纤维素的可消化部分，有70%在瘤胃被利用，17%在盲肠消化，13%在结肠消化，只有碳水化合物中的木质素因不能被畜体消化吸收而排出体外。由于奶牛在消化上的这些特点，决定了奶牛应该采食什么样的饲料和应当怎样进行科学的饲养管理。

①为满足其采食量大的特点，必须给以饱食，喂给使之有饱腹感的饲料量。

②日粮的组成应以青粗饲料为主，适当地搭配精料。

③饱食后应给予充分的休息时间和安静舒适的环境，以保证其反刍。

④所喂给的饲料要干净，不能含有杂物，特别是不能含有钉子、铁丝等金属物。否则因奶牛采食时不充分咀嚼，很容易吞到胃内，造成创伤性胃炎、心包

炎等疾病。

奶牛的生物学特性

奶牛具有的生物学特性，对各种饲料利用有很重要的意义。

(1)奶牛对粗纤维利用率高。由于奶牛的瘤胃容积大，寄生细菌和纤毛虫多，各种饲料进入瘤胃为细菌提供营养素，通过细菌的繁殖代谢，把纤维素、淀粉、双糖等分解成乙酸、丙酸和丁酸，可直接被瘤胃吸收并送至肝脏，一部分形成脂肪，一部分维持体温及生命活动。未被瘤胃分解的碳水化合物到达小肠后，再次经细菌酵解，形成挥发性脂肪酸被第二次吸收。

(2)奶牛对蛋白质和非氮物质中含氮的作用。饲料进入瘤胃后，有65%的蛋白质被分解转变成氨气、有机酸、氨基酸，非蛋白的氮素，如尿素、氨化物、硝酸盐等被分解为氨气、氨基酸，供微生物生长，繁殖合成菌体蛋白，与未被瘤胃利用的蛋白等其他营养物质，经网胃、瓣胃达到真胃，被胃液杀死微生物后一同消化。由于细菌与纤毛虫共生繁殖，合成菌体蛋白，供牛体利用，增加蛋白质数量，又提高蛋白质的质量。

(3)奶牛有自行合成维生素的作用。瘤胃中的微生物，能够合成所有的B族维生素和维生素K，其数量足以维持牛体健康和生长发育的需要。在大多数情况下，饲料中不必补充维生素B族和维生素K。

(4)具有采食时间短，反刍时间长的特性。在正常情况下，奶牛每天有30%～40%的时间反刍。瘤胃作固定式收缩，将饲料返回口腔，再进行咀嚼，同时混入唾液，缓冲瘤胃的酸碱性，维持恒定的pH 6.5～7.0，有利于微生物的生长发育和刺激牛的食欲。

(5)奶牛比单胃动物需要脂肪少。由于脂肪在瘤胃中消化量有限，大多数的脂肪在小肠内消化。瘤胃中的微生物将不饱和脂肪酸转变成饱和脂肪酸。因而，奶牛对不饱和脂肪酸比单胃动物吸收的少。

奶牛常用的饲料

奶牛饲料来源很广泛，各种饲料又有不同的特点。分类方法也较多，按生产实际常用的饲料，可分为以下4种：

1.风干粗饲料

这类饲料的特点是含可消化总养分少，蛋白质、脂肪、矿物质含量低。体积较大，粗纤维多，有一定量的糖分。消化率低。缺少磷、钙。但是，它能使奶牛撑饱肚子，产生饱腹感，能促进反刍，刺激消化器官，增进胃肠蠕动和消化机能。其中包括干草、秸秆和秕壳3种。

(1)干草。干草可分为人工种植和野生青草经加工调制两种。优质青干草，颜色青绿，蛋白质、维生素、矿物质尤其钙含量较多，木质素、粗纤维相对较少，适口性较好，是奶牛不可缺少的饲料。如果收获期晚了或者调制方法不当，则养分损失较多，所含的营养成分大大下降，适口性也较差了，消化率也降低。调制青干草最适宜的时期是植物的孕蕾、抽穗、开花的初期。

(2)秸秆。秸秆就是各种农作物收获后的风干秸秆。如稻草、玉米秸、谷草、豆秸等。这类饲料中的蛋白质、脂肪、矿物质较少，尤其是缺磷、钙，而含粗纤维和木质素较多，质地坚硬，不易消化，适口性很差，只有在缺少青干草时，才用这种饲料。为了提高这类饲料的利用率，在饲喂前应进行软化，以提高适口性和消化率。

(3)秕壳。秕壳主要指农作物收获以后，除了秸秆以外的农副产品，如高粱壳、谷壳等。这类饲料一般质量较差，混进的土也较多，不适于喂奶牛。如果资源较少，在利用时，必须筛出土等杂物。

2.青绿多汁饲料

青绿多汁饲料分以下几种:

(1)青绿饲料。主要指植物的新鲜茎叶。包括野生和栽培的青草、青割的农作物。这类饲料的特点是:含有丰富的蛋白质、维生素和矿物质，蛋白质的品质特别好，钙质丰富，维生素A、维生素D含量较高，适口性好，易于消化、吸收，是奶牛的好饲料，让奶牛能常年吃上青绿饲料，对产奶母牛提高生产性能的作用较大。其办法是：延长青饲料青割时间，并要在青绿饲料旺季制作青贮，以便长期保存，随用随取。

青绿饲料所含的蛋白质，按干物质来说，比精料还多。因此，在单位面积上种植青绿饲料所含粗蛋白，比种植禾本科作物收获精料所得的蛋白质还要多，如青割玉米中干物质的蛋白质占20%左右，比玉米籽实中的蛋白质高2倍多，为大豆的含氮量的1/2。青绿饲料中含有各种必需氨基酸。青绿饲料还是多种维生素的主要来源，青草每500克含胡萝卜素50～80毫克，还含有多种维生素E、维生素C、维生素K和B族维生素。夏天奶牛多吃青绿饲料，可在体内多积累维生素A，以供应冬春季节消耗。

青绿饲料，尤其是豆科青草，含有丰富的钙和钾。因此，以喂青饲料为主的奶牛，一般不会缺钙和钾。

青绿饲料的缺点是：含水多，一般含水量在75%～90%，所以相对来说单位重量含热能少，对产奶多的奶牛，仅喂青饲料不能满足热能需要，必须补给热能饲料。

用青绿饲料喂奶牛，对健康、生长、发育、繁殖、产奶的作用都很好，而且青饲料价钱便宜，经济上也十分上算。

成年奶牛一天能采食相当于它自身体重10%的青绿饲料。一般每天最少的喂量是其体重的4.0%～4.5%，如500千克体重的奶牛，每天喂青绿饲料22.0～22.5 千克。如果按干物质计算，每天每头奶牛的青绿饲料喂量，是体重的2%～3%。

应当注意，采食豆科青草的量必须加以控制，否则易引起臌胀症，严重者会造成死亡。

(2)多汁饲料。多汁饲料包括胡萝卜、甜菜、马铃薯、甘薯、南瓜、白菜、洋白菜等。这类饲料的共同特点是水分多，一般含水80%～90%，干物质少，体积大。干物质中多为容易消化的糖、淀粉。除胡萝卜、南瓜等黄色的多汁饲料中含有较多的胡萝卜素外，其他的多汁饲料主要含水溶性的维生素C。这类饲料含脂肪、蛋白质、钙、磷、粗纤维都少，也都缺乏维生素D，含钾较多。但是，这类饲料中的蛋白质生物学价值很高，含有赖氨酸和色氨酸。特别是适口性好，容易消化，有增进食欲、补充营养、刺激消化器官腺体分泌、显著影响产奶量的作用。

这类饲料中最好的是胡萝卜，它在冬春季节对补充胡萝卜素和维生素A有极重要的作用。如果每天每头牛至少补喂10千克，对产奶、繁殖、生长发育，都有很好的作用。

在夏季的炎热季节里，奶牛往往食欲不振，当采食和产奶量降低时，如能多喂些南瓜、洋白菜之类多汁饲料，可提高食欲，减少奶量的下降。

(3)青贮饲料。青贮饲料即在夏秋季节中适时把青绿饲料割下、切碎，装入密封的窖或塔中，经过乳酸菌的发酵作用，可产生一种特殊的芳香气味，奶牛很爱吃。这种保存方法可以把青绿饲料的优点保存下来，让奶牛在没有青饲料的冬季，也能吃上青绿饲料。青贮饲料容易制作，能长期保存，取用方便，是养奶牛必不可少的重要饲料。

3.精饲料

这类饲料体积小，含粗纤维少，而淀粉、蛋白质、脂肪等可消化养分多，营养丰富，适口性也好，消化率也高。但是，奶牛是草食动物，如果吃精饲料过多，会产生消化不良，降低所有饲料的消化率，不利于健康并影响产奶；而且过多的精饲料会在瘤胃内异常发酵，引起急性臌胀症，严重者可窒息死亡。

精饲料包括谷实、豆类、油饼和粮食加工副产品以及动物性饲料。

奶牛一般只靠粗饲料还不能满足大量产奶的需要，还必须补喂精饲料。精饲料的种类如下：

(1)谷实类。谷实类是奶牛的主要精料。最常用的是玉米，其次是大麦、高粱等。特点是含淀粉多，粗纤维少。多数适口性好。一般磷多钙少，蛋白质含量不多，缺乏维生素A、维生素D。只有黄色玉米含有较多胡萝卜素。

谷实类是奶牛的能量饲料，应与豆饼等蛋白质补充饲料并用，还需补充钙和维生素。

谷实类饲料都需加工粉碎后喂给，否则难以消化。其中，高粱含单宁多，适口性差，要限制喂量，不然会引起便秘。

(2)豆类及油饼类。豆类如大豆、黑豆、豌豆、蚕豆等。含蛋白质和油脂多。因其价格高，一般很少直接作奶牛饲料，多在榨油后，用油饼喂奶牛。

油饼类饲料，含蛋白质丰富，是奶牛最好的蛋白质补充饲料。其中最常用的是大豆饼。有些地区也用花生饼、葵花子饼（去皮的）、棉子饼、菜子饼、胡麻饼等做蛋白质补充饲料。

(3)糠麸类。主要是小麦麸皮、米糠等。其所含纤维素、蛋白质比谷实饲料多，而淀粉相对少一些，含磷和B族维生素较多。

麸皮所含能量不如谷实饲料多，但是蛋白质与糖类的比例比较适当，适口性也很好，奶牛特别喜欢吃。并且，麸皮含有较多的粗纤维，能刺激消化器官，增进胃肠蠕动，有轻泻作用。对产前、产后母牛有健胃肠作用。也常用麸皮来训练犊牛采食。麸皮含磷、镁多，缺钙，所以喂麸皮时要补充钙，并适当地控制喂量。

米糠，在精饲料中可以配到20%。不过，米糠含油脂较多，放的时间久了易变质，在保存时要注意。不可喂给奶牛变质的米糠。

(4)粮薯类加工副产品。常用的有豆腐渣、粉渣、甜菜渣、酒糟等。其营养成分因原料和制品不同，相差很大，主要有以下几种：

①豆腐渣。含水量在78%～90%，干物质中粗蛋白质多，是奶牛的好饲料。但是，夏天易腐败，喂饲时

一定要新鲜。

②粉渣。用马铃薯、甘薯为原料制粉后的残渣，主要成分是糖类。基本上不含蛋白质和矿物质，维生素的含量也很少。

③酒糟。含水在75%左右，粗蛋白质6.8%，粗脂肪1.2%，糖类13.8%，磷多，钙少，缺乏维生素A和维生素D。育成牛和青年牛日粮中可占10%~20%，可以代替部分干草和精饲料。犊牛从4~5个月龄就可以开始喂给，开始时每头每天可喂给1千克左右，喂量可逐渐增加到4.5千克左右。成年母牛每头每天喂鲜酒糟12~15千克，最多时可达20千克。适量喂饲酒糟可以提高产奶量。但是，酒糟所含热量不足，需要补给热能多的淀粉之类的饲料。夏季炎热时酒糟容易变质，在饲喂时要特别注意。

④甜菜渣。是甜菜块根经过浸泡、压榨提取糖液后的残渣。在黑龙江省产量很多，价格便宜，是奶牛生产较好的饲料。甜菜渣含粗纤维多，体积大，有一定的糖类。但是，含蛋白质、脂肪、维生素、磷较少。适口性很好，有一定的软便作用，在喂时要补充蛋白质和磷。

4.动物性饲料

这类饲料含有丰富的蛋白质。主要有鱼粉、奶类、肉类及奶、肉类加工的副产品。

（1）鱼粉。鱼粉含蛋白质多，蛋白质的品质也很好。含脂肪在10%左右，含磷、钙、维生素也较多，营养价值很高，是非常好的蛋白质补充饲料。但是，鱼粉有腥气味，奶牛不太喜食，而且售价也很高，多喂在经济上很不合算。在必须喂给鱼粉时，用量最多占精料量的10%左右。使用鱼粉主要喂给犊牛，以减少牛奶的用量，同时还可保证犊牛的健康和正常生长发育。

(2) 脱脂奶。它是全脂奶分离出奶油之后的剩余部分，蛋白质含量很高，水溶性维生素也很多，是哺育犊牛的好饲料。

5.特殊饲料

特殊饲料主要指一般饲料中含量很少的矿物质、维生素等饲料。常用的有以下几种：

(1) 食盐。其主要成分是钠和氯两种元素，具有增进奶牛食欲的作用。如果食盐供给不足时，奶牛将食欲不振，从而降低蛋白质和糖类的利用率，而且还会影响产奶量和繁育力。一般成年奶牛每天喂给食盐40克左右。除在日粮中配给适量的食盐外，还要在运动场上设盐槽，让奶牛自由采食，以保证需要。

(2) 石粉和贝壳粉。其主要成分是碳酸钙，因为价格比较低廉，所以生产上常用来补充饲料中的钙质。

(3) 微量元素添加剂。其主要是用来补充饲料中的铁、锌、铜、钴、锰、硒、钴、碘等微量元素之不足。这类添加剂都是工厂按不同要求把各种元素按一定比例配制而成的。一般用瓶或袋包装，附有各类微量元素的成分、百分比及使用说明书。在生产上使用时应按说明书规定数量使用。特别应注意的是，与其他饲料混合时，一定要搅拌均匀。

饲料中营养成分及功能

各类饲料中的营养成分主要有：水分、蛋白质、脂肪、糖类、维生素、矿物质等。这些营养在牛体内都各有不同的功能。

1.水分

各类饲料都含有一定的水分，就是干草、精饲料，一般情况也含有12%～15%的水分，当然青草、块根之类的多汁饲料，含水量高达70%～90%。青贮饲料也含水在70%左右。饲料中的水分越多，则干物质含量就越低，保存也比较困难。

在牛体各部位中都有水的存在，水对奶牛来说是非常重要的。奶牛的新陈代谢、生长发育、繁殖、生产牛奶都离不开水分。水在牛体内还有运输养料、排泄废物、调节体温等重要作用。所以奶牛除了从饲料中得到一部分水分之外，还要经常给予足够清洁的饮水。

如果奶牛缺水或饮水不足，危害甚大。在短时间内缺水，会影响食欲和消化，长时间缺水，则血液变稠，各器官生理活动均受到影响，表现为生长发育缓慢，产奶量减少，健康受到损害。在一定的意义上说，水比饲料还要重要。如果缺水20%，就会死亡，而在一定的时间内吃不到饲料，牛体可以消耗体内全部脂肪和一半的蛋白质来维持生命活动。

奶牛对水的需要，因年龄、生产水平、所采食的饲料、外界环境、气温高低而有很大的不同。犊牛、产奶牛，在夏季气温高或采食青绿、块根饲料少时，需水量多。相反，冬季气温低或采食青绿饲料多时，需水量就少。在生产上饮水的标准是：除采食的饲料中水分以外，按饲料中的干物质质量计算，每食入1千克干物质，可给水4～6千克，产奶牛每生产1千克奶，需另加给饮水4～5千克。为了满足奶牛饮水的需要，最好在运动场上设置自由饮水槽或自动饮水器，经常供给清洁饮水，以保证奶牛的饮水需要。奶牛从饲料中得到的水分，比喝水的效果好得多，因而在奶牛生产中要特别注意多喂给奶牛充足的青绿、青贮、多汁的饲料。

2.蛋白质

它是构成动物体的主要成分，牛体的肌肉、内脏、血液、皮肤、被毛、蹄甲等主要成分都是蛋白质。蛋白质还是组成牛的生命活动所必需的酶、激素、抗体等重要物质的主要成分。而且蛋白质是其他营养成分所不能代替的。

如果缺少蛋白质，幼畜发育迟缓、水肿、消瘦，成乳牛发生发情异常、难妊、流产、死胎、产奶量下降。不管哪种牛，缺乏蛋白质都会引起抗病力下降，发病率增加，严重者会造成死亡。

蛋白质给量过多也不必要。因为过多的蛋白质在体内会转化为体脂肪，成为热能的来源。由于蛋白质的价钱高，这样做是很不经济的。同时，蛋白质过多时，其代谢产物的排出量也增加，会增加肝和肾脏的负担。所以蛋白质饲料给量过多，也是有害的。

蛋白质是由氨基酸组成的。由于组成蛋白质的氨基酸不同，蛋白质的营养价值也不同。根据营养价值，氨基酸可分为两大类，一类是动物体内能合成的，称为非必需氨基酸。另一类是动物体内不能合成而又是机体不可缺少，必须从饲料中摄取的，称为必需氨基酸。一般，动物的必需氨基酸有赖氨酸、色氨酸、组氨酸、苯丙氨酸、亮氨酸、异亮氨酸、蛋氨酸、缬氨酸、精氨酸、苏氨酸等10种。

奶牛是反刍动物，瘤胃内有大量微生物，有合成各种氨基酸的能力，对必需氨基酸的要求不像猪、禽等动物要求的那样严格。但是，蛋氨酸等不足，也影响产奶。所以，对高产奶牛、泌乳前期、怀孕后期的牛，饲料中要有足够的蛋氨酸、精氨酸和异亮氨酸。犊牛第一胃的机能不全，其消化能力和单胃动物相似，所以必须用饲料补给它必需的氨基酸。

含蛋白质多的饲料，主要有鱼粉、肉粉、血粉等动物性饲料及大豆饼等饼类饲料。而秸秆类含蛋白质非常少，一般只有3%左右。麦类、谷类含蛋白质10%左右。

3.脂肪

它是奶牛能量的重要来源。脂肪所产生的能量比相同质量的糖类或蛋白质所产生的能量多。奶牛体内的能量有多余时，就转化为脂肪贮存在体内、皮下、腹腔、骨髓等各部位。当饲料中供给的营养不足时，再把贮存的脂肪转化为能量供奶牛使用。

奶牛对脂肪的需要量并不多，一般日粮饲料中所含的脂肪，大多数都能满足需要。即使脂肪不足，采食的糖类也可在体内可以转化为脂肪，所以在生产实践中不必担心饲料中脂肪不足。含脂肪较多的饲料，主要是豆科籽实和其他油料作物的籽实。

4.糖类

它是构成植物体的主要材料，在奶牛饲料成分中占很大部分。这类化合物主要是淀粉、糖及纤维素。价格比较便宜，是奶牛能量的主要来源。饲料中含淀粉多的是谷类和薯类。含纤维素多的是秸秆、干草之类，有的纤维素多达30%以上。谷类、豆饼、根菜类等所含粗纤维很少。

粗纤维多的饲料，不易消化，饲料价值低。不过粗纤维能填充奶牛的消化器官，使消化道保持一定的容积，让奶牛产生饱腹感，并有刺激消化器官、促进胃肠蠕动的作用。因此，在奶牛日粮中除含有必需的能量和蛋白质外，还应保持有日粮干物质15%~20%的粗纤维，最少也不能低于13%。

由于奶牛有发达的消化器官，所以对粗纤维的消化，要比其他家畜强，在饲养上要求以青、粗饲料为主，不可过多地喂给精料，否则粗纤维饲料过少，会引起消化机能减退，瘤胃臌胀，瘤胃乳头角化，反刍时间过短等疾病。

奶牛吃进的淀粉和粗纤维，在消化道中，主要是在瘤胃内被分解，产生乙酸、丙酸和丁酸等，吸收后成为能源，合成体脂肪和乳脂肪，转化成糖，供给血糖和乳中的糖，还能促进瘤胃内微生物的活动，有助于合成氨基酸、蛋白质。一般地，奶牛每天消耗的热量，有60%～70%是靠乙酸、丙酸和丁酸提供的。因此，此3种酸在瘤胃中各有适当的量，对奶牛的健康和生产都十分重要。

此外，喂奶牛的粗饲料不能粉碎得太细，否则会降低粗纤维的消化率。在日粮中加适量的食盐，会改善瘤胃的消化，提高粗饲料的消化率。

5.无机物

无机物也称为灰分或矿物质。含无机物多的饲料有骨质较多的鱼粉。秸秆类和干草类含无机物也较多。而谷类和菜类饲料含无机物很少。

无机物不是直接的能源，而是构成骨骼的主要成分。其他方面，如牛体的成长、各组织的代谢、乳汁的生成、消化液的分泌，都离不开无机物的作用。因此，饲料中必须有适量的无机物。奶牛体内有4%～5%的无机物，产奶量高的牛，从奶中还要排出大量无机物，因此对高产牛不喂给足够的无机物是不行的。如果不足，会危害健康，使产犊量下降，造成不孕或流产。无机物缺乏时，平时从外表不会发现，而一旦发现时，情况就很严重了。所以必须注意补充，还要细心观察，以便早期发现，及时处理，减少损失。

6.维生素

饲料中的维生素含量虽然数量很少，但在奶牛体内的作用都是极为重要的。它起着氧化、还原等各种化学反应催化剂的作用，在缺乏时奶牛会患各种维生素缺乏症。在生产中对维生素可分为两大类:

(1)脂溶性维生素。主要有维生素A、维生素D、维生素E、维生素K。这类维生素在奶牛体内不能合成，或合成较少需要从饲料中摄取，在体内可以贮存。并且溶解在脂肪中才能被吸收、利用。

(2)水溶性维生素。主要有维生素C、维生素B_1、维生素B_2、维生素B_6、烟酸、叶酸、泛酸、维生素H、胆碱、肌醇、对氨基甲酸等。这类维生素在体内不能贮存，可溶于水中。奶牛瘤胃内可以自身合成这类维生素，对成年奶牛不用补充，而犊牛的瘤胃尚未发育完全，需要从外界摄取。

在奶牛喂饲上需要特别注意的是维生素A和维生素D。

①维生素A。维生素A只存在于动物体内。植物性饲料中只有胡萝卜素，胡萝卜素在奶牛体内可以合成维生素A。黄色玉米等里面含有黄色素，主要成分是叶黄素，它也有维生素A的作用。

维生素A有促进生长，保护皮肤、黏膜、强化肝脏，提高繁殖机能和抗病力的作用。缺少维生素A，要引起夜盲症，使皮肤、黏膜角化，微生物易于侵入，使各器官易于发病，如发生下痢、气管炎、肺炎、不孕症、流产、难产、胎衣不下、抽搐等症。高产奶牛往往还发生蹄壳疏松、变形，蹄壁、蹄底裂，蹄冠发炎。可见，维生素A是奶牛保持健康，提高抗病力所必不可少的。

②维生素D。前面已经讲到维生素D与磷、钙代谢有密切关系。奶牛的饲料里即使有充足的磷、钙，如果缺少维生素D，也不能很好地吸收。不过，在生产上只要奶牛有充足的晒太阳机会，它本身就可以合成维生素D。

③维生素E。维生素E的主要作用是生物抗氧化剂和游离基清除作用，可以提高细胞和体液的免疫反应，成年母牛缺乏时影响繁殖。

7.预混料

预混料是饲料添加剂预混合饲料的简称，饲料添加剂对满足奶牛的全价营养饲养起着举足轻重的作用，缺少它就生产不出全价配合料。饲料添加剂预混料是饲料厂家根据奶牛对各种矿物质和多种维生素的需要量，综合考虑了各种因素，预先将各种矿物质和维生素按一定比例和工艺均匀搅拌的，使用起来方便、安全、经济。

预混料从20世纪60年代开始应用，至今已发展出第三代产品：第一代产品（初级产品），如骨粉、贝粉、麦饭石、沸石等，主要解决钙、磷缺乏；第二代产品是常量矿物质钙、磷加上维生素、微量元素等，基本是缺什么补什么；第三代产品就是目前应用的，这一代添加剂就是第二代产品中的常量矿物质、微量元素、维生素再加上国家高科技产品。瘤胃微生物脲酶抑制剂是通过调控营养代谢在营养途径上的再分配，使用来生产的营养增多，从而提高家畜的生产力。目前市场上主要是第一代、第二代添加剂多，第三代添加剂——瘤胃微生物脲酶抑制剂正逐渐推广应用。

目前哈尔滨德旺饲料有限责任公司与中国农业科学院畜牧研究所合作，在黑龙江省独家生产德旺牌脲酶抑制型奶牛专用预混料。其主要成分：含有瘤胃微生物脲酶抑制剂、铜、铁、锰、锌、硒、碘、钴等微量元素和维生素A、维生素D、维生素E等脂溶性维生素及钙、磷、抗应激剂等。

其主要特点及功效如下：

（1）泌乳期使用该产品，提高产奶量15%～20%；改善牛奶质量，乳脂率提高0.1～0.15个百分点。牛奶自体灭菌时间延长；改善奶牛能量负平衡。抗应激，提高和延长产奶高峰期。

（2）产奶期使用该产品，奶牛体况恢复快，体能贮备多，代谢障碍显著减少。

（3）能增加蛋白质合成量，提高纤维素的消化率，降低饲料成本。

(4) 生产母牛使用该产品，骨骼发育粗壮，体格强健，初配体重可达标准。

(5) 提高饲料利用率，节约精料用量。

(6) 对酮病、产后瘫痪、腐蹄病、乳房炎和胎衣不下等营养性疾病，有明显的改善效果。

(7) 提高母牛繁殖率，打栏正常。

该产品的使用方法，因有1%，2%，3%和4%的预混料，使用方法都不一样，具体请按产品说明书添加。

饲料的加工、调制及贮存

为了提高饲料的适口性和利用率，以及长期贮存，减少浪费，对不同的饲料要进行不同的加工、调制。

1.粉碎

各类精饲料在喂前都要进行粉碎。用机械加工，粉碎或压扁，一般直径在1～2毫米比较合适。

2.切短

各种青草、干草等粗饲料，块根、块茎、菜叶等多汁饲料，在饲喂前一般都需要用铡草机等工具切短或切碎再喂。粗饲料切的长度以3～4厘米为宜，青绿饲料可以长一些。

3.发酵

发酵是利用微生物的作用，使饲料发酵，可以提高饲料的消化率和利用率。不仅精饲料可以发酵糖化，提高适口性，稻草、玉米秸等粗饲料也可以发酵。其方法是：

把稻草切短到2～3厘米的长度，玉米秸打成丝状，然后装入发酵池或缸内，每100千克原料加入0.6～1.0千克食盐，再加水130～150千克（夏天用凉水，冬天用温水），搅拌均匀，盖上塑料薄膜，经24～48小时，温度上升至40 ℃时，人上去踩实，使之降温，然后用塑料布密封，上面盖上草帘，经24小时，即可取用。

发酵的稻草、玉米秸具有酒香味，牛很爱吃。发酵容器不要太大，以便开盖后当天能够吃完，否则会降低饲料质量。

4.青贮

制作青贮饲料的目的，是使各类青绿饲料长期贮存、保鲜，减少各种营养的损失，让奶牛常年都能吃到青绿饲料。

制作青贮饲料方法简单，原料极为丰富，最常用的是青割玉米或收获玉米后还是青绿的玉米秸、青割大麦、栽培或野生的饲草、白薯蔓等。只有注意以下技术要点，就能保证青贮的质量。

(1)青贮的原理。做青贮的原料都含有较多的水分和一定的糖类。把原料切碎装在密封不透气的窖里（或塔里），植物的组织细胞还在呼吸，很快就会把窖或塔内的氧气消耗完了，使窖或塔内变成无氧的高温状态（高时达55 ℃）。在这样的环境中，只有乳酸菌能繁殖，通过乳酸的发酵作用，使饲料中的糖分解为乳酸，从而抑制其他各类杂菌的活动，并在达到一定酸度时，也抑制了乳酸菌自身的繁殖。这样在一定的酸度下，就把各类青绿饲料很好地保存起来了。

(2)青贮窖的修建。青贮的方式：窖、塔、壕、堆、袋贮都可以。建青贮窖要因地制宜，可建临时的、永久的、地上的、地下的。一家一户养奶牛，用饲料不多，可采用临时的圆形窖，地下水位高的，可修半地下窖。较大的奶牛场、专业大户养奶牛多，用饲料多，可修石或砖砌成的永久式窖。无论什么窖都必须选择地势较高燥、背风向阳、土质坚硬的地方，距离要离牛舍近一点，以减少运输劳动。但要注意周围的卫生，不能把饲料污染了。窖壁要光滑、平整，在装料时衬一层塑料薄膜，以便排除空气，防止腐烂，减少浪费。在窖的四周及边角要抹圆，窖口面积稍大于窖底面积，使原料下沉时，不能形成空间，以免残留空气。

(3)原料要求。原料要适时收获，以保持一定的水分和糖分。青贮原料中的水分，以68%～75%较为合适，含糖量在1%就可以了。太干了压不实，空气也排不净，易腐败变质。水分过多时，养分易流失，酸度易过大，质量不佳。专种的青贮玉米，在腊熟期收获，连同穗果一起铡碎青贮。收获玉米子实的秸秆，越青越好，水分不足的适当喷洒一些水，以保证质量。野草类最好是在立秋以前收割、贮存。

(4)装窖方法。装窖要切得细、压得实、封得严，防止空气和水浸入。收获后的原料要及时拉运，切成2～3厘米长装在窖里，并做到装一层压一层，随装随压，尽可能压实。大窖可用拖拉机、小四轮压实，中窖可用人去踩。制作时应快装、装满、快封、封严。每做一窖最好当天完成，注意防雨，以防变坏。当原料装满窖时，高出1米左右即可封窖。原料上边盖一层塑料布或干草，再培上30厘米左右厚的土，用袋子装上土压上更好，经5～7天再往上压一层袋子，使之高出地面。在窖的周围要挖好排水沟，严防灌进雨水。以后要经常查看，发现下沉、裂缝，要及时修补。

青贮饲料入窖后30天左右，即可开窖取用。好的青贮料呈黄绿色，有很好的酸香味道，质地松软、湿润。如果变黑色、绿色、黏乎乎、有腥臭味，那就是坏了，不能再用。开窖后的青贮料，圆窖要一层一层地取用。长窖要从一端分段取用。每次取多少，用多少，不可乱取或全面开窖。取完后要用草帘子或塑料布等盖上，防止受冻、雨淋以及接触空气遭受损失。喂青贮饲料时，开始要少给，逐渐增加。每天每头成乳牛100千克体重可喂给3～6千克。

青贮饲料容量、质量的计算，因原料、铡碎的程度不同、装取得时间不等而有一定的差别。长形窖和圆形窖每立方米的容积和可容纳的青贮饲料质量见表2、表3。

表 2　青贮的容重/(千克/米³)

饲料＼形式	铡得较碎		铡得较粗	
	装窖时	取用时	装窖时	取用时
玉米秸	450～500	500～600	400～450	450～500
甘薯蔓	500～900	700～800	450～500	650～750
块根块茎	600～700	800～900	550～650	750～850

表 3　青贮窖的容积/米³

深度/米＼容积/立方米＼直径/米	1.5	1.6	1.7	1.8	1.9	2.0	2.1	2.2
3.00	5.30	6.05						
3.25	5.74	6.53	7.38					
3.50	6.19	7.04	7.94	8.91				
3.75	6.63	7.54	8.51	9.54	10.63			
4.00	7.07	8.04	9.08	10.18	11.34	12.57		
4.25	7.51	8.55	9.65	10.82	12.05	13.05	14.72	
4.50	7.95	9.05	10.21	11.45	12.76	14.14	15.59	17.12
4.75		9.55	10.78	12.09	13.47	14.92	16.45	18.07

5.青黄贮

玉米秸的青黄贮和青贮的原理和贮的形式、方法都一样，不同之处是经过掰棒后的玉米秸秆水分含量低，所以，贮存时要加水，使其含水量达到70%。每贮20厘米加一次水，用手攥时，手上有水不滴水，装满窖后压实封严经过40天左右就可开窖喂用。经青黄贮后，玉米秸的营养比干玉米秸提高20%以上，最好上冻前贮完效果最佳。

怎样合理配制奶牛日粮

日粮是一头奶牛一昼夜所采食的饲料量。配合日粮的目的在于选择最合理、最经济的饲料组成日粮，使其中各种营养物质的数量、质量和互相间的比例都能满足奶牛的营养需要，以充分发挥奶牛的生产潜力，获得数量多、质量好、成本低的产品。

1.配合日粮的依据

配合日粮的依据有两点：一是奶牛饲养标准。即是各类奶牛在不同的生长发育时期和不同的产奶水平，需要的各种营养物质。各个国家都有自己的饲养标准。我们介绍的饲养标准是我国统一制定的标准（表4）。二是各种饲料的营养价值。各类饲料在不同的地区、不同的收获期及调制方法不同而不同。这里所用的饲料营养成分和含量，是经科研部门化验分析的结果。

2.配合日粮的原则和主要事项

（1）配合日粮中所含的养分必须满足奶牛维持生命、生长、繁殖、泌乳等的需要。主要考虑的营养指标有：能量，粗蛋白质（氨基酸指标可以不考虑），钙，磷，胡萝卜素（在大量喂青饲料时，可以不考虑）。

（2）除了营养成分之外，还要考虑日粮的容积是否能满足奶牛的需要。日粮的容积是保证奶牛等反刍家畜正常消化的物质基础。一般的标准是：奶牛每100千克体重，给干物质（风干物）2.5～3.5千克（包括精、粗、青料）。

为了保证日粮有一定体积，要给予足够的粗、青饲料。一般奶牛每100千克体重，可给干草1.5～2.0千克。如果喂青贮，则3千克青贮饲料可以代替1千克干草。用块根时，每4千克块根可代替1千克干草。但是，每头奶牛每天干草的喂量，不要低于5千克。

（3）日粮组成要以青粗饲料为主。这是因为奶牛是反刍动物，由它的消化生理的特点所决定的。为了充分发挥其瘤胃中微生物的消化作用，必须创造条件保证四季不断青、粗和多汁饲料。日粮中常年都要有青干草，夏季还要充分利用青草，枯草季节有足够的青贮、块根等青绿多汁饲料。也可以常年不断青贮。

奶牛日粮中青绿多汁饲料和干草等粗饲料，应占80%～90%。青粗饲料的大致给量标准见表4。

（4）精饲料作为补充饲料给予。一般按产奶数量给予精饲料。一般每产3千克奶给1千克精料混合料再加2千克基础料。精料给量还和青饲料品质有关，即青粗饲料品质差时，精料应适当的增加。

（5）日粮的组成原料，要多选几种，以互相搭配，互相补充。不要用能使奶产生不良气味的饲料，更不要用发霉变质的饲料。

表 4　每天喂饲干草和青绿多汁饲料标准

日粮中青绿多汁饲料给量/千克	奶牛体重/千克			
	300	400	500	600
	最低干草给量			
10	4	5	6	7
25	3	4	5	6
40 以上	2.5	3	4	5
	中等干草给量			
10	7	9	10	11
25	5	7	8	9
40 以上	4	6	7	8
	最高干草给量			
10	12	14	15	16
25	9	11	12	13
40 以上	7	8	9	10

(6) 选用饲料时，要注意适口性。适口性好坏直接影响每天采食的饲料总量。适口性不好的饲料，即使营养好，因采食量不够，也必然影响生产能力的发挥。

(7) 选用饲料，配合日粮，要有经济观点。在奶牛的整个饲养费中，饲料费一般占70%左右。因此，配合日粮时要选择价格便宜，来源容易，营养丰富，适口性又好的饲料，以降低饲养成本，获得更好的经济效益。如用棉子饼代替一部分豆饼，其价格是豆饼的2/3。

(8) 在配合日粮时，要考虑到季节不同、产奶量的高低以及泌乳的不同阶段来作调整，才能取得较好的生产效果。

3.配合日粮的方法和步骤

(1)从饲养标准表中查找出不同体重、产奶的营养需要。具体可分为3步：首先从表中查出不同体重奶牛的维持需要；其次从表中查出不同生产能力的生产需要（产奶量、乳脂率、怀孕时期、增重等）；第三把二者的营养需要量相加，即为该奶牛每天的总营养需要量。

如果是集体牛场，可按体重、生产性能划分不同的组，每组按平均体重和平均产奶量、乳脂率来计算需要的营养，然后再配日粮。

(2)选择适当的饲料。确定了所用的饲料种类之后，从饲料成分表中把每种饲料所含各种营养成分的数量查找出来，然后根据第1项中算出的营养需要来试配日粮。

(3)试配日粮。

①先用自己计划使用的粗饲料、青饲料和多汁饲料来试配。这3种饲料具体确定的方法是：一般可按每100千克体重每天给1千克干草和3千克青贮饲料来掌握（原则是每天给占体重1%～2%的粗饲料——干草或相当于干草干物质的青贮饲料。在配制时每3千克青贮和每4千克块根、块茎可代替1千克干草）。从饲料成分表中查出所用粗、青、多汁饲料的营养成分的数量相加起来，就是粗、青、多汁饲料所能满足营养需要的最大程度。

②从营养需要量中减去粗、青、多汁饲料满足的

营养数量，不足的部分由混合精料来补充。关于混合精料，可先用玉米、大麦、麸皮等配成能量饲料，补充能量之不足，经查表计算试配后，不足的蛋白质可用豆饼等蛋白补充饲料来补充。经试配、调整，使能量和蛋白质两项满足或近似营养需要。

③计算、调整上述日粮中的矿物质，主要是钙和磷，不足部分用矿物质补充饲料来补充。

此外，还要补充食盐。可按每100千克体重给食盐5克；另外，每产1千克奶给食盐2克。

这样配制的日粮，即可称为平衡日粮，再在实际试喂中，根据情况的变化，还可适当调整。

日粮配合实例：某专业户养奶牛3头，平均体重为500千克，每头日产奶17千克，乳脂率3.2%。该户现有羊草、玉米青贮、玉米、麸皮、豆饼、食盐等饲料，试配制平衡日粮。

具体方法是：

第一步，先把乳脂率3.2%的奶，换算成含乳脂率4%的标准奶。公式为

$$FCM=0.4M\times 15F$$

式中：FCM——4%乳脂率的标准奶（千克）；

M——原来牛奶的重量（千克）；

F——牛奶中所含的乳脂量（千克）。

其计算值为原奶量×原乳脂率。

代入公式：

$$FCM=0.4\times 17+15(17\times 0.032)=$$

14.96≈15（千克）

第二步，查饲料标准表，求出每头每天的营养需要，见表5。

表5　营养需要

项目＼需要量＼营养	干物质/千克	奶牛能量单位/个	产奶净能/兆焦	可消化粗蛋白质/克	钙/克	磷/克
1.500千克体重的维持营养需要	6.58	11.97	37.60	317	30	22
2.日产15千克含脂4%的标准奶的生产需要	6.75	15	47.10	825	67.5	45
合计需要	13.33	26.97	84.70	1 142	97.5	67

第三步，查饲料成分表，找出所用的各种饲料，所含各种营养成分的数量，见表6。

表6　所用饲料中的养分含量

项目＼需要量＼营养	干物质/千克	奶牛能量单位/个	产奶净能/兆焦	可消化粗蛋白质/克	钙/克	磷/克
羊草	91.6	1.35	4.23	45.2	0.43	0.21
玉米青贮	20.87	0.39	1.21	4.7	0.10	0.05
玉米	86.80	2.80	8.79	68.1	0.08	0.31
麸皮	89.38	2.05	6.45	129.1	0.19	0.11
豆饼	91.47	2.69	8.50	400.3	0.27	0.63

第四步，先满足奶牛对青粗饲料的需要。可按每100千克体重给干草1千克、给青贮饲料3千克，则500千克体重的奶牛给羊草5千克，玉米青贮15千克。这样

就组成了日粮，见表7。

表 7　用青粗饲料初配日粮

项目＼需要量＼营养	干物质/千克	奶牛能量单位/个	产奶净能/兆焦	可消化粗蛋白质/克	钙/克	磷/克
羊草 5 千克	4.58	6.75	5×4.23 =21.14	5×45.2 =226	5×0.43 =2.15	5×0.21 =10.5
玉米青贮 15 千克	3.13	5.85	15×1.21 =18.21	15×4.7 =70.5	15×0.1% =1.5	15×0.05% =0.75
青粗料营养合计	7.17	12.6	39.35	296.5	36.5	11.25
总需要营养	13.33	26.97	84.70	1142	97.5	67
减去粗饲料	7.71	12.6	39.35	296.5	36.5	11.25
需由精料补充的营养	5.62	14.37	45.35	84.55	61	55.75

第五步，用精饲料补充不足部分营养。

用能量饲料来满足能量的需要。如先用玉米70%、麸皮30%的比例配成混合料。此混合料每千克含产奶能量单位2.58个、产奶净能8.08兆焦，用它来满足尚缺能量45.34兆焦，需用该混合料45.34/8.08=5.61千克。

其中玉米为5.61 ×70%=3.93(千克)，麸皮为5.61 ×30%=1.68(千克)，见表8。

以上日粮的干物质、能量已能满足需要，而蛋白质、钙、磷尚不足。由于喂给的青贮数量够了，所以胡萝卜可不考虑。

用豆饼补充蛋白质饲料，代替部分玉米，以满足奶牛对蛋白质的需要量。

在日粮中尚缺少可消化粗蛋白质361.7克。

表 8 用精料补充能量后的结果

项目 \ 营养需要量	干物质/千克	奶牛能量单位/个	产奶净能/兆焦	可消化粗蛋白质/克	钙/克	磷/克
5 千克羊草	4.58	6.75	21.14	226	21.5	10.5
15 千克羊草青贮	3.13	5.58	18.21	70.5	15	0.75
3.93 千克玉米	3.4	10.97	34.46	267	3.16	12.25
1.68 千克麦皮	1.5	3.44	10.84	216.8	3.19	18.0
青粗精料营养合计	12.61	27.01	20.22	780.3	42.85	41.4
总需要营养	13.33	26.97	84.70	1142	97.5	67
减去青粗精料营养	12.61	27.01	20.22	780.3	42.85	41.4
尚缺营养	-0.72	-0.04	-0.04	-361.7	-54.65	-26.6

豆饼与玉米每千克可消化蛋白质的差是:

400.3-68.1 =332.2(克)

豆饼代替玉米量应为361 .7/332.2=1 .09(千克)

用1.09千克豆饼代替等量玉米后，日粮组成如表9。

表 9 用蛋白补充饲料调整日粮的结果

项目 \ 营养需要量	干物质/千克	奶牛能量单位/个	产奶净能/兆焦	可消化粗蛋白质/克	钙/克	磷/克
5 千克羊草	4.58	6.75	21.14	226	21.5	10.5
15 千克玉米青贮	3.13	5.85	18.21	70.5	15.0	0.75
2.84 千克玉米	2.47	7.96	24.95	193.4	2.3	8.8
1.68 千克麦皮	1.5	3.44	10.84	216.8	3.19	18.0
1.09 千克豆饼	1.0	2.28	9.25	436.3	2.9	6.9
合计	12.68	26.68	84.41	1 143.0	44.89	44.95
占需要的/%	95.2	97.4	99.7	100	46	67

第六步，补充矿物质。上述日粮尚缺钙52.61克、磷22.05克。用含钙30.12%、含磷13.46%的骨粉予以补充，则为52.61 ÷ 30.12%=175克。即另外补加175克骨粉，即可满足矿物质钙、磷的需要量。

另需补充食盐：每百千克体重5克，每产1千克奶2克，则需补给食盐5×5+15×2=55(克)。

综合上述计算，该牛的日粮为：

羊草5千克；玉米青贮15千克；

玉米2.84千克；麸皮1.68千克；

豆饼1.09千克；骨粉175克；

食盐55克。

此日粮为根据饲养标准配制的平衡日粮，能够满足营养需要。但是，在生产实践中必须有一定的损耗，因此，为保险起见，实际应用的日粮应比这个数字高10%。

奶牛日粮中豆饼的比例占多少合理

许多养奶牛户的精料都以喂豆饼为主。现在还有不少地方豆饼占日粮的50%左右，这样不仅浪费了蛋白质饲料，而且还会有害于奶牛的健康。

从国内外的经验证明，奶牛日粮中的蛋白质在13%~16%就可以了，这是个公认的合理值。美国的奶牛营养标准中规定，每产1千克奶给予44 ~ 47克可消化蛋白质，而黑龙江的标准为54克。可美国的黑白花奶牛平均单产在7 000千克，我国才4 000千克左右。从牛奶的成分上看，并不需过多的蛋白质饲料。牛奶中干物质，在一般情况下，蛋白质仅占3.3%、乳脂占3.5%、乳糖占4.7%，还有少量的其他物质。从国内京、津、沪生产实践证明，这些地区在喂养中蛋白质给量比较合理，供应比较充足的青绿饲料，并采取其他措施，豆饼只占日粮精料的20%左右。而产奶量平均为6 000～7 000千克，比黑龙江省的平均水平高出50%之多。

豆饼在日粮中比例过高，不仅仅是造成饲料浪费，而且会产生氮碳失衡，发生酮血症。泌乳高峰与采食高峰异步出现。在一般情况下，泌乳高峰在产犊后5～7周出现，而食欲高峰在8～12周出现。尽管营养供应合理，由于产奶高峰仍会造成营养入不抵出，这是奶牛营养需要与供应上的突出特点，因此往往会造成奶牛消瘦，分解体内脂肪，当体脂氧化不全时，形成的尾产产物酮体在血中大量存在，造成代谢病——酮血症，不仅影响产奶，严重时会造成死亡，损失严重。上面配合日粮的实例中，豆饼的给量为1.09 千克，占整个精料量的19.4%，也是比较合理的日粮配方。

繁殖技术

牛群数量增长和质量的提高是奶牛兴旺发达的重要基础，繁殖好能增加品质好的后备牛，还能增加产奶量和经济效益。

头胎日平均产奶量20千克的牛群，胎间距每增加一天就会损失50元，延迟妊娠一到二个情期是经常发生的，避免这些经济损失就是成年奶牛的纯利润。

为使奶牛每年产1胎，或365天以内产1胎，就必须做到以下几点：

准确记载繁殖纪录

(1)育成牛出生日期纪录。15～18个月龄配种，过迟损失大，过早分娩难产，奶量偏低。

(2)发情情况要有记录。发情周期21±3，每个情期持续10～30个小时（平均21小时）发情期表现详细记录，以便一旦发情不正常时作出正确判断。

(3)授精日期、次数、公牛号。预测下次发情期，注意检查防止漏情。

(4)经检查已妊娠的牛，做好记录，作出干奶和产犊的预测。时间以最后一次配种日算起，到第280天为止，简单算法：月减3日加7。

发情鉴定

初次发情的月龄因品种、营养、发育、气候等环境因素有很大关系。中国荷斯坦牛是在10个月龄出现，早的6个月。发情意味着性的成熟，16个月龄配种最适宜。

发情期分为3个期：前期、盛期、后期。

(1)前期。卵巢上有个成熟的滤泡突出表面，直径0.7厘米，触摸有弹性，爬其他母牛、寻伴、兴奋、敏感、阴门轻肿潮红、有少量黏液流出、鸣叫。

(2)发情盛期。滤泡变大，直径1.0~1.2厘米，波动态，弹性减弱。接受爬跨时不安，爬其他牛，频繁走动，日走13 000~16 000步，休情期仅1 000~10 000步。嗅闻其他牛阴部，阴门红肿，分泌物排出量大、变稀，食欲减少，产奶量降10%，体温升高。

(3)发情后期。卵巢触摸时，滤泡壁变薄，有一触即破的感觉，出现轻微凹陷，仍有液样感觉。如凹陷明显说明已排卵。发情牛已不再接受爬跨，群众叫“甩牤子”。阴部有混浊的黏液流出，有黏液干痂出现。

上述3个阶段持续2~3天，为发情持续期。

发情后1～4天大约有70%的牛从阴门流出少量带血的黏液。有受胎的，也有不受胎的，这属正常现象。

发情周期受环境影响：春秋长、夏冬短（天热时30%的牛仅6小时，45%的牛12小时），营养不良及过肥的牛短，2～3岁壮年牛长。观察发情牛多在早晨、午间、夜间3次。注意发情发现率在70%以上，不注意观察发现率在60%以下，漏情均占10%～20%。

配种最佳时间

精子在母牛生殖道活的时间不超过10小时，遇到精子、卵子活力差，受胎能力更差。

授精适时，牛发情后6小时到发情结束前6小时。

拒绝爬跨后10小时配种，多以发现发情为起点。

母牛接受爬跨8～24小时输精的受胎率最高。见图3。

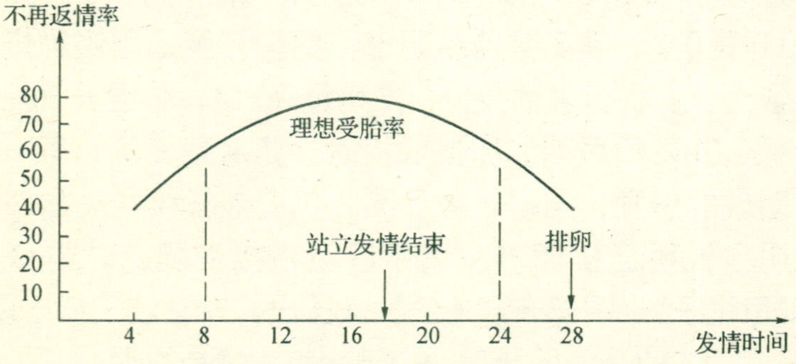

图3　母牛适时配种和受胎率的关系

母牛早晨接受爬跨，应在当天下午输精，若次日早晨仍接受爬跨应再输精一次，母牛下午、晚上接受爬跨，可推迟到次日早晨输精。如输精员由本场人员担任，第一次输精后12小时再第二次输精。实践中总结出适时配种口诀："一爬一跑输精过早，一爬不跑隔8到10小时正好"。

输精部位和方法

现在普遍采用人工授精，用直肠把握子宫颈输精法。

用伸入直肠的手臂压开阴门裂，另一只手插入阴门借助握子宫颈口外口处与输精器手协调配合，使输精器缓缓越过子宫颈内侧的皱褶（一般4个），然后注入精液。将精液注在子宫体处。

妊娠检查

为尽量确保母牛产犊间隔，授精后两个情期没发情的牛，应及时确定其是否妊娠。如不妊娠应查明原因，针对具体情况认真解决，避免经济损失。

1.外部表现诊断法

食欲增强，被毛光亮，性情温顺，行动小心，后半期腹部一侧膨大，干奶前出现胎动，妊后90～120天才明显。

2.直肠检查法

技术熟练者可100%的准确。

(1) 黄体变化。按黄体突出部分的形状和大小为标准，有弹性、圆滑妊娠的可能性高。

(2) 子宫角检查。未妊娠牛子宫角向下内卷缩在骨盆腔处两侧角，大小相当。

妊娠30天以上的牛，两侧子宫不对称，孕角变粗、松软、有波动，顺孕角由一端向另一端滑动中有胎胞存在的感觉。如60天以上孕角增粗明显，波动性更强，角间沟变平，子宫角开始垂入腹腔中，触摸能摸到子宫角的全部。

90天以上间沟消失，子宫体垂至耻骨前，孕角变粗大，约为空角的3～4倍。胎儿体长15厘米，体重100～200克。

120天以上，子宫和胎儿全部沉入腹腔，宫颈已越过耻骨前缘，子宫动脉特异振动明显。

应注意的几个问题:

①检查一般在45～50天之间。30天以内不能检查，因容易造成死胎。在90天检查又太晚，超过420天间距损失就大了。

②大月龄妊娠牛从子宫角分叉处，用中指勾拉上提后操作。

③妊娠母牛存在假发情现象，子宫检查再作是否

输精。

④对妊娠疾病作出正确分析，如与子宫蓄脓很容易混淆。

同期发情

集中发情和授精，季节生产，按需求安排，可用于卵移植术，也有利于节省人力，降低成本。

具体做法：

1.孕激素处理

(1）阴道栓塞。孕激素制剂溶液以海棉块放入阴道深处，放置9～12天，取出注射孕马血清促性腺激素800～1 000单位，2～4天多数牛会发情。

(2）埋植与口服孕激素制剂。孕激素的硅胶棒埋入母牛耳背皮下，一定时间后取出，同时注入孕马血清促性腺激素500～1 000单位，2～4天母牛即发情。

2.前列腺素处理

促使黄体溶解，直肠把握输精法注入子宫或肌肉注射。在母牛处于发情周期第5～18天一段时间内处理，黄体才能被前列腺素溶解，有发情反应的应实行输精。

诱发发情的具体处置：

产后长期不发情，或产后欲使提前发情的牛以及乏情的牛，按同期发情法用孕激素处理1 ～2周即可引起母牛发情。发情结束时注射孕马血清1 000单位。

分娩与助产

分娩前由于母体血中的前列腺素持续升高，引起黄体迅速退化，孕酮急剧降低，导致了分娩的来临。处于临产前期母牛有一系列的变化，如尾根部两侧由于骨盆韧带的松弛而下陷；外阴部潮红肿大、黏液流出；乳房水肿，可挤出黄色黏液；临产前1～2天自然排出乳白色初乳；体温下降，降1 ℃左右，在38 ℃以上时，24小时分娩。

1.分娩的征候

(1)颈口完全开张，胎膜包着胎儿前肢入骨盆腔内，大约6小时内分娩。

(2)颈口开张可以插入4个手指，6～12小时以内分娩。

(3)颈口连3个指都不能插入，12小时以上分娩。

牛临近分娩时自己使劲努责，阵痛开始后努责渐强，间隔变短，出现第一次破水，其后90～120分钟胎膜在外阴部显露，出现第二次破水，从第一次破水到第二次破水要37分钟，到分娩为止，全程大约264分钟。

见到胎膜时，要触摸检查，是否胎位正常，不正常进行处置，扶正。

在产道充分开扩之前不要急于助产，否则引起母牛肛裂。

从见胎膜和前肢以后经1小时以上，小牛仍不能产出要助产。

2.具体操作程序

(1)从小牛球节结上用消毒绳子拴住，两人以上同母牛努责相配合，一鼓作气，一气呵成。

(2)产出后净口鼻及周围黏液，若发现呼吸异常，可能小牛喝了胎水，两人提抓住小牛飞节，头朝下振动数次，用草棍刺激鼻孔，按压胸部，促进呼吸。

(3)呼吸正常后，小牛的脐带从基部向上5～6厘米处用消毒剪刀剪断，5%碘酊纱布，将小牛体擦干。小牛头可以上举时，助产成功。为恢复母牛体力可给母牛喂麸皮，盐水汤2～3桶。

(4)产后胎衣排出。一般小牛出生后3～6小时排出，胎盘重4～8 千克，在4千克以下为不完全排出。10小时胎衣不排出为胎衣停滞，找兽医进行胎衣剥离。

阶段饲养

在奶牛的饲养过程中，从犊牛、育成牛到成年牛；成年母牛从围产期、泌乳盛期、泌乳中期、泌乳后期到干奶期等各阶段生长速度、生理变化、所需营养、对环境的抵抗和适应能力都不同，所以在饲养管理上的技术要点也不尽一致。应该按生理和成长阶段饲养及按各阶段的标准要求饲养，这样才能发挥奶牛的最大生产潜力和使饲养成本最低。

犊牛、育成牛和成母牛各阶段的营养需要

黑龙江省“奶牛饲养管理技术规程”中制定的成母牛、育成牛、犊牛的营养需要标准见表10。

犊牛阶段的饲养管理要点

犊牛是指出生到6个月龄的小牛。此阶段生理机能正处于急剧变化的阶段，因此它的饲养管理正确与否，

表 10　成母牛、育成牛及犊牛的营养需要

类别	日粮干物质占体重（%）	奶牛能量单位/个	粗蛋白（%）	钙（%）	磷（%）	精粗比	精纤维（%）
干奶期	2～2.5	1.75	11～12	0.6	0.3	30:70	20
围产期	2.5～3	2	13	0.2	0.3	40:60	23
泌乳盛期	2.5～3.5	2.4	16	0.7	0.45	60:40	17
泌乳中期	3～3.2	2.13	13	0.45	0.35	40:60	18
泌乳后期	3～3.2	2	13	0.45	0.35	30:70	20
犊牛哺乳期	2.5～3	2.4	13	0.7	0.4		
犊牛断奶期	2～2.5	2.2	12	0.65	0.35		
育成母牛	1.8～2.2	2	12	0.65	0.4		

对奶牛体型的形成、采食粗饲料的能力以及成年后的产奶和繁殖性能都有重要影响。往往有些养牛户，对犊牛的培育有所忽视。本来是用好的冻精配种所产的犊牛，由于饲养不好，种性作用却发挥不出来。须知看一个牛场的生产水平和发展趋势，不应单纯看当前的产奶量，而应首先看后备牛群（犊牛和育成牛），因为后备牛群的管理水平是与以后的生产成效密切相关的。

饲养犊牛要抓三早，即早吃初乳，早开食，早断奶。

(1)尽早吃到初乳。初乳是奶牛产后7天内所分泌的乳汁。初乳内含较高的免疫球蛋白，并含有丰富的矿物质和维生素。蛋白质比常乳中高1倍，维生素A比常乳高10倍，球蛋白和溶菌酶能杀灭多种致病的微生物。吃到初乳，犊牛自身抗体在7日龄可达到成牛的水

平。初乳中镁盐多，有清泻排胎便的作用。

提倡牛犊出生1小时内吃到初乳，24小时内至少吃到5千克初乳。在生产中2小时吃到初乳的只占40%，有30%的牛犊10小时才吃到初乳。所以要人工哺乳。按出生犊体重1/10喂初乳，第一次给2千克，24小时内喂5千克，以后每天喂3次，每次1.5千克，喂到5天后喂常乳，做到定时定量定温，夏天34～36 ℃，冬季36～38 ℃。

(2)早开食。新生犊牛4个胃中仅皱胃起作用，是其他3个胃的2倍多。当犊牛吃上固体饲料时前3个胃才能很快发育。犊牛8～12周才出现反刍。所以生后7天就开始给草喂料，把料拌上牛奶往嘴唇上抹。训练早吃料。当犊牛日能吃上1千克料时，就可以断奶了。

(3)早断奶。国外养奶牛有生后3～5周断奶的，一般都4周龄断奶。奶控制在100千克，喂给合理配制的代乳粉，到6个月龄的犊牛体重要达到170千克，好的可达到190千克。

在犊牛的管理上要有一个稳定的饲喂制度，要经常观察犊牛，测体温、呼吸、心跳、观察粪便等，发现问题及时处理，特别注意犊牛下痢和肺炎。在第一周内发病率最高，约占死亡总数的50%。一旦犊牛下痢，马上补液，防止脱水而死亡。

育成期的饲养管理

离乳后进入育成期，这段时间是指7～18月龄段。用什么办法使其发育得更好，成年后能充分发挥生产性能，获得较高的经济效益。育成期经过大约可分4种类型:

(1)饲料品质理想，供应充足，管理得当，牛肯定发育得很好。要防止过肥，在采食粗料和增加运动量上下功夫。

(2)饲料充足时充分供给，贮存能量，饲料供不上时，维持其最低生长量。

(3)长期营养水平低，生长缓慢，生长期拖长，是最不经济的，对成年期时，产奶能力和繁殖能力都有影响。这时有些奶牛虽然是冻精配种所产的母牛，但由于饲养营养水平低，是我国有些地方奶量长期低水平的根本原因。

(4)育成前期营养水平低，生长相对慢些，后期给高水平的营养，生长变快，利用“补偿成长”的方法，促进发育。但此种方法利用不好，对将来的繁殖和泌乳量很难估测。

育成期是生长发育最旺盛时期，疾病少，管理容易，是最容易忽略的时期。往往多数养牛户专拣饲料质量最差的，饲料不足时先压缩它的定量，结果造成发育受阻，给终生打上“低产的烙印”，根本无法补偿。

按育成牛饲养标准进行饲养，每天喂2~3千克混合精料，最终能实现在16个月龄体重达到350~380千克。育成牛一般10~12个月性成熟，就能发情了，但不能配种。15~18个月龄体重达到350千克以上才能配种,过早难产,超过18个月龄配种,终生产奶量降低。

青年牛阶段的饲养管理

这是指18个月龄（已妊娠）到24月龄，既要保证营养，又不能过肥。注意保胎，安全分娩。此阶段体生长变缓慢，体躯向宽、深发展。日粮喂优质干草、青贮料，精料可少喂或不喂，怀孕后中期，产前2~3个月时，营养需要量显著增加，日增重800克以上，要适当提高母牛饲养水平，日喂精料2千克就可以，青贮也是低量的，干草满足自由采食。应加强运动和按摩乳房。临产前一个月停止按摩，以防漏奶。

成年奶牛各阶段的饲养管理

1.干奶期的饲养要点

干奶期是指从停止挤奶到产犊前15天的经产母牛。

泌乳牛经过长时间的泌乳，体内以消耗很多养分，因此，需要一定的干奶时间补偿体内消耗的营养，保证胎儿的良好发育，并使母牛体内蓄积营养物质，给下一个泌乳创造条件，打好基础。母牛干奶期，一般在临产前的两个月。干奶期长短，主要决定于母牛营养与健康状况，体质好的可干奶一个半月，差的可延长到2个月以上。试验表明，在同样饲养条件下，无干奶期连续挤奶的牛与有干奶期的牛，第二胎产奶量下降25%，第三胎则下降38%，且随胎次的增加，不干奶牛产奶量下降的趋势更大。所以，泌乳牛干奶是十分重要的。

干奶的方法通常有两种，即快速干奶法和逐渐干奶法。

(1)快速干奶法。即在4～7天内使产奶牛基本停止泌乳。具体方法：在开始干奶前1天，将日粮中的全部多汁饲料和精料减去，只喂干草，控制饮水，每天饮3～4次；停止按摩乳房，减少挤奶次数，干奶的第一天由3次挤奶改为2次，第二天改为1次或隔日1次，这样会使干奶母牛在生活规律上发生突然变化，乳腺减少刺激，经4～7天就可停止。

(2)逐渐干奶法。即在12～20天内停止泌乳。具体方法：在预定干奶前5～10天开始变更饲料，减少多汁饲料和精料喂量，控制饮水，逐渐减少挤奶次数，使牛逐渐干奶。这种方法适用于高产奶牛。停奶后的用5%碘甘油浸泡乳头，每日1～2次，每次5分钟，乳头管内注入干奶软膏或用青霉素软膏或金霉素软膏，将乳头封闭。

无论采取什么办法干奶，在停奶后的3～4天内，要注意检查乳房的变化，如发现贮积乳汁过多，乳房过硬、红、肿、热、痛的炎症反应，要将奶挤出，重新干奶。

2.围产期的饲养要点

围产期是指产前、产后的各15天进入产房期间这一时期。试验证明，围产期母牛比泌乳中、后期母牛发病率都高。据统计，成母牛死亡有70%～80%发生在这一时期。所以这一阶段的饲养管理应以保健为中心。

根据干奶后期胎儿发育快，母牛体虚弱，乳房水肿等特点，必须注意以下5点：

(1)对临产母牛不可突然改变饲养方法、饲料品种和降低饲养水平。否则会影响母牛的健康，使产后的泌乳期产奶量降低。

(2)为了保证母牛产后泌乳高峰期的正常出现，提高泌乳期的产奶量，减少酮血病的发病率。这个时期可采用“预支饲料”，也叫“引导饲养法”。具体办法为：干乳期时母牛日喂1.8千克精料，干草喂饱；产前2～3周开始加精料，每日加喂0.45千克，到产前每日可吃到5千克精料，约为体重的1%～1.5%，产前头3天停精料，产后第5～7天继续加精料，直到产奶达到高峰，可转为自由采食。“引导饲养法”的优点：

①精料食入量大，产奶动用的脂肪少，减少酮血

病的发生。

②使瘤胃微生物尽早适应高精料饲料，以免发生消化代谢障碍。

③饲料代谢转化为奶的效率高。

④产奶量在整个泌乳期都高。

(3)产前2～3周，使钙含量降至日粮干物质的0.2%(如果预混料含钙量高，此时也可暂时停喂预混料)，产后马上把日粮中钙的水平提高到正常水平，以调动甲状旁腺分泌激素的能力，防止产后瘫痪。奶牛在产后的头10天发生产后瘫痪的可能性最大，无法站立并显示全身肌肉软弱，颈部肌肉无力，还可能嗜睡或昏睡，如处理不及时，可能致命。虽然产后瘫痪的病因不是惟一的，但上述办法是预防产后瘫痪的重要措施之一。

(4)母牛产犊后的头几天，乳房内乳腺机能活动尚未恢复，每次挤奶时不要挤净，否则，由于乳房内压显著降低，使乳房严重水肿，甚至造成母牛瘫痪。

(5)母牛产后1～2天胃肠空虚，消化能力弱，常用盐水麸子汤，使奶牛尽快恢复体力。

3.泌乳盛期（产后15～100天）的饲养要点

母牛产后15～20天，乳房水肿完全消失，进入产奶高峰期。泌乳盛期是整个泌乳期的黄金期，产奶量最多，约占全泌乳期产奶量的56%左右。但这一时期也是饲养难度最大的阶段，泌乳量最大而采食量低，比其他时期一般低10%～20%，造成营养入不敷出，处于负平衡状态，因而奶牛体重下降。此阶段奶牛也最容易出毛病。如何使奶牛在泌乳期最大限度地发挥其泌乳性能，是夺取高产稳产的关键。因此在这一时期要充分发挥奶牛的泌乳潜力，创造一切条件加强营养，促进高产、稳产；预防各种代谢病、乳房炎和消化系统疾病，避免体重过度下降，促进发情，适时配种。

为了保证营养供应，提高母牛的产奶量，要继续采用在上一节“围产期的饲养要点”中所述的“引导饲养法”，给奶牛“预支饲料”。母牛产犊后仍继续按每天按3千克奶给1千克混合料加2千克维持料的基础上再增加10%的混合料，直到增加精料后母牛泌乳量不再提高(说明泌乳已达到高峰)，可以不再继续增喂精料了。待泌乳高峰过去，泌乳量开始下降后，便可按产奶量等因素调整精料饲喂量。在整个“引导”饲养期，必须保证提供优质饲草，任其自由采食，有条件的能喂上青贮和苜蓿，充分发挥的产奶汗力并给予充足的饮水，以减少母牛消化系统疾病。

值得注意的是，在配制泌乳盛期母牛的日粮时，既要考虑满足其营养需要，同时也要注意日粮中精粗料的比例。生产实践证明，泌乳牛产奶高峰期可在饲养标准规定的营养水平基础上，再增加20%～30%，就能充分发挥机体的泌乳能力。一般认为精料的喂量以不超过15千克为宜，精料干物质占日粮总干物质的40%～50%为宜，精料干物质占日粮干物质的65%时，易引发瘤胃酸中毒、消化障碍和不发情等疾病。在饲喂精料量过大时，应注意在日粮中每天添加小苏打100～150克，可对瘤胃的酸起中和作用，起到预防上述疾病发生的作用。

4.泌乳中期（产后101天～200天）的饲养要点

此期内奶牛食欲最好，干物质采食量达到最高峰，产奶高峰之后下降很平稳，产奶量逐渐下降，奶牛体重和体力也逐渐恢复。这一时期在饲养管理上，重点是力求产奶量缓慢下降。一般月奶量下降5%～8%为正常，超过10%就属不正常，就应该在饲养管理上查找原因。产奶量下降的快慢与母牛个体的泌乳特性、饲养管理水平有密切关系。如何使其下降的速度缓慢、平稳，必须使营养水平保持平衡。若日粮中的粗饲料和多汁饲料比例大，对恢复消化机能有好处，产奶量下降的速度也缓慢。为使泌乳中期的产奶量下降速度缓慢和保证胎儿的正常发育，在其日粮中，粗饲料比例可大些，精粗比例为(30～40)∶(60～70)。

5.泌乳后期（产后201～305天）的饲养要点

奶牛经过200天的大量泌乳后，体膘已明显下降，这一时期产奶量也大幅度下降，产奶量的下降率为泌乳中期的25%～35%。但这个时期胎儿生长发育速度加快，这一时期的饲养管理重点应是抓紧恢复体况和体重（但不能过肥），日粮营养必须满足胎儿正常发育。因而在母牛的日粮中应保证有足够的蛋白质饲料，精粗饲料的比例为30∶70。

科学管理

给奶牛创造良好的生活环境

以舍饲为主的成年奶牛，在牛舍内生活的时间很长。要有良好的生活环境，总的要求是，牛舍内应该冬暖夏凉，干燥、明亮、清洁、通风良好、空气新鲜。具体要求是:

(1)温度和湿度。牛舍内最适宜的温度是16～20℃。奶牛比较耐寒，有人实验证明，奶牛在-12℃时产奶量并不减少。但是，奶牛长时间处于低温情况下也不好。如在0℃以下，牛体要大量散失热量，以致所采食的饲料很大一部分用于产热御寒，经济上受损失，同时寒冷也会降低牛的抵抗力，容易发生疾病。然而，与冷相比，奶牛更怕热。超过适宜温度，产奶量下降。尤其是超过27℃，产奶量下降得更多，同时体重也下降。我国南方，每年由于高温所造成的损失是相当大的。因此，这些地方，新建牛舍首先应考虑防暑。在饲养管理上，炎热的夏季要打开门窗和通风孔道，加强通风，必要时还可以采取向地面、牛体喷洒冷水以及人工送风等措施，以降低牛舍内的温度。

牛舍内的湿度是40%~70%。湿度往往与温度一起对牛体产生影响。高温多湿严重影响牛体散热，很容易中暑。反之，在低温多湿时，牛体散热量大大增加，不仅大量消耗热能，而且损害牛体健康，易引起疾病。寒冷的北方，冬季要注意防寒防潮保温。

(2)通风换气。奶牛在牛舍内通过呼吸排出大量二氧化碳，通过粪尿产生大量氨等臭气，使牛舍内有害气体浓度大大增加。这些有害气体达到一定浓度时，如氨达到0.01%时，便刺激牛的呼吸道和黏膜，并吸到血液中流至全身各组织器官，破坏正常的新陈代谢，危害很大。为此，必须重视通风换气，使牛舍内的空气保持清新。

(3)清洁卫生。每天要定时清扫牛舍，以保持牛舍卫生和牛床的清洁、干燥。每隔20天左右，对门、顶棚、粪便沟等进行一次较彻底的清扫，同时用2%~3%的烧碱水进行消毒。对牛的饲槽，在每次喂饲后要认真清扫，定期洗刷、消毒。消毒也可用5%热碱水。

日常科学管理

奶牛的日常管理，多数是重复性的工作，但是必须认真地去做，形成规律。

(1)刷拭。每天一定要刷拭2次，每次不少于5～10分钟。除了大冷天和风、雨、雪天，可在运动场上刷拭。必须在牛舍内刷拭时，应在挤奶前半小时，以免尘土飞扬，污染牛奶。

(2)运动。每天必须有一定的运动。有运动场地，令其自由运动，运动场要清洁干燥。没有运动场的，每天应有1～2小时的驱赶运动。运动场上还要有凉棚，以防夏季太阳直射造成日射病。运动场要有适当的面积，每头牛可有10～25米^2。

(3)要固定床位。奶牛是一种习惯性很强的动物。母牛习惯于在固定的床位上生活以后，一旦改变。会打扰它的生活习惯。因此，每头牛都要有固定的床位，并不可随意变动。

(4)细心管理。要经常接近、细心爱护奶牛，以了解每头奶牛的食欲、食量、精神、产奶及健康等状况，以有针对性地分别给予饲养管理。

奶牛的饲养管理原则

(1)饲养方式。对成奶牛要采取以青、粗、多汁饲料为主，适当搭配精料的饲养方式。有人认为精饲料营养丰富，为了多产奶，增加精料喂给量，结果适得其反。奶牛是草食家畜，缺少青粗饲料，缺少粗纤维，就不能维持正常的消化机能。如果精料多，由于精料中蛋白质和能量饲料过多，母牛体内会呈现酸性反应，会使母牛过早的失去繁殖能力，也易造成消化器官疾病，产奶量下降。所以母牛的日粮精粗饲料要搭配合理，才能保证健康和正常的奶牛生产性能。

(2)饲料的给量。每天为给奶牛的饲料数量，要根据每头牛的体重、产奶、怀孕、干奶、饲料种类等不同情况，按饲养标准，经过计算合理搭配。过剩和不足都会引起产奶量下降，甚至引起不孕或其他疾病等。

(3)饲料选择。对饲料的选择，要根据当地的饲料资源而定，适当的搭配品种，并尽可能进行多种搭配。应做到常年喂给青贮饲料。同时选用优质禾本科、豆科干草。精料主要用玉米、大麦、高粱、豆饼、棉粕等，至少有4～5种互相搭配，用各种营养互相补充搭配齐全。用酒糟、酒精糟、粉渣、豆腐渣等不要过多，否则影响产奶。

(4)变换饲料。对母牛的饲料一定配合好，不要突然变换。瘤胃中细菌区系调整得10天左右。突然变换，会影响食欲、消化，导致影响产奶量。如果是必须变换时，要逐渐进行。

(5)饲喂方法。要实行“三定”、“一勤”的饲养方法。三定是：定时、定量、定次序，一勤就是少给勤添，不要堆草、堆料。

定时：就是每天必须在固定的时间喂饲。使母牛形成条件反射，到时候食欲旺盛，消化液大量分泌，有利于消化，否则影响采食、消化和产奶。

定量：按照每头牛应给的营养所确定的饲料量来喂饲，不要随意增减。

定次序：在一般情况下，先喂粗料，后喂精料。

(6)饮水。给母牛饮的水要清洁、水质要好。有条件的可设自动饮水槽、饮水器，让母牛随时饮用。人工饮水时，一天最少要3次，夏季还要增加，冬季要饮温水，温度在8～16℃时为适宜。

(7)认真执行饲养管理日程。合理地安排每天从早到晚对奶牛的饲养管理程序，使奶牛对喂饲、挤奶、刷拭、运动、休息等时间顺序，养成习惯，才能保证正常生产。

安排日程时，先要决定挤奶次数，喂饲次数要和挤奶次数一致。挤奶、喂饲的时间间隔，尽可能要均衡，如实行2次挤奶的，可间隔12小时。3次挤奶的，间隔8小时。但是，也要考虑饲养人员的生活安排，不一定要搞绝对均衡，可根据具体情况，在一定范围内适当调整。

影响奶牛产奶量和乳脂率变化的因素

奶牛个体不同，产奶量和乳脂率有很大的不同。即使是同一个体，产奶量和乳脂率也不是固定不变的。其原因很多。

1.奶牛本身的原因

（1）品种。不同奶牛品种产奶量和乳脂率有很大的差异。

（2）个体。同一品种不同个体，即使在相同的情况下，泌乳能力亦有差异。一般体重大的比体重小的产奶量高，但也有例外的。

（3）年龄及胎次。初产母牛本身还要继续发育，泌乳能力尚未充分显示出来，产奶量大约相当成年的70%～75%。以后随着年龄胎次的增长，产奶量和乳脂量逐渐增加。到6～8岁时，即第4～6胎时，产奶量达到一生中的最高峰。9岁以后，由于机体的衰老，产奶量也逐渐下降。饲养良好，体格健壮的牛，到13～14岁时，仍能维持较高的产奶水平。饲养不良的牛，因牛体机能早衰，往往在第五胎以后就逐渐下降了。此外，母牛初配年龄过早或过晚，都会影响到第一个泌乳期的产奶量，乃至终生产奶量。

（4）泌乳期。同一个泌乳期中，泌乳月不同，产奶量有显著的差异。分娩后，日产奶量逐渐上升，到第一个月末至第二个月中达到该泌乳期的最高峰。维持一个阶段后自第四个月开始又逐渐下降，至第七个泌乳月之后，迅速下降，到第十个月左右泌乳终止。全期逐日产奶量形成一个曲线，称为“泌乳曲线”，可以反映奶牛泌乳的一般规律。生产实践中按照这一规律来掌握生产周期，安排生产作业。在同一牛群中，虽然环境条件相对一致，但因个体的遗传素质有差异，泌乳曲线也出现各种类型：一类是下降速率高度稳定。逐月泌乳量的递减平均维持在6%以内，这类个体具有优异的育种价值。一类是下降速率比较平稳，逐月递减率为6%～7%。这类个体在牛群中较为常见，其曲线表现得比较平稳、适当，全期产奶量高。因此，可以选入育种核心群中。但有的牛泌乳曲线急剧下降，逐月递减率平均在8%以上(图4)。这类牛的产奶量低，泌乳期短，不宜留做种用。由于这一特性能够遗传，所以要加以注意。

不同的泌乳时期，乳汁中含脂率也有变化。母牛产犊后，初乳期内乳脂率高，将近达到常乳的1倍左右，自第二周至第八周乳脂率为最低，至第三个月开始，乳脂率又逐渐地提高，在干奶的前一阶段，乳汁中含乳脂率为最高。每一昼夜中乳脂率也有差异，一般早晨挤的乳汁中含乳脂率低。

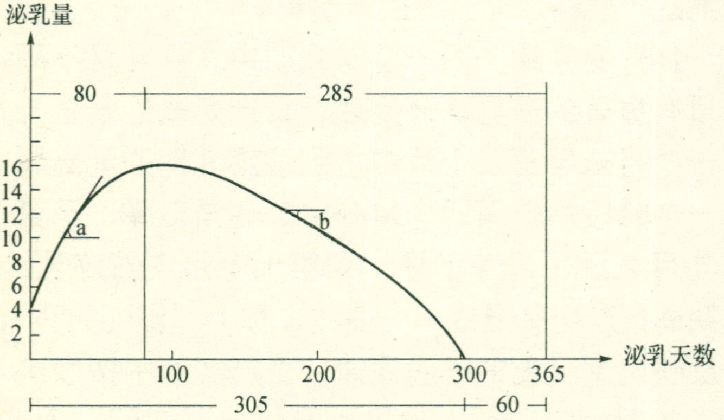

图4　乳牛的泌乳曲线

(5) 体重。在体格血统和其他条件完全相同的条件下，体重大的产奶量高。据试验，体重每增加45 kg，产奶量可增加9千克左右。

(6) 发情与怀孕。由于发情，产奶量减少，而乳脂率则上升。特别是神经质的牛，产奶量下降幅度较大。怀孕后5个月左右，产奶量开始减少，到第八个月时，产奶量与同期没怀孕的相比，下降20%左右。因而过早的怀胎，泌乳量减少，所以母牛在产后2个月怀胎为好。

2.环境方面的原因

(1) 温度。温度影响产奶量和乳脂率。一般乳脂率与产奶量相反，冬季高，夏季低。夏季黑白花牛乳脂率比冬季低0.6%左右。

(2) 湿度。湿度大，产奶能力降低。这是因为影响体表的蒸散作用，水分和热量不能很好地散发，妨碍新陈代谢。特别在高温时，高湿度影响更大。

(3) 雨的影响。下雨天，牛郁闷，即使细心管理，也容易影响产奶。

(4) 周围环境。奶牛喜欢在安静的环境大量采食和进行反刍。因此，有外界刺激，产奶量马上减少。

(5) 产犊季节。产奶量也与产犊季节有关，秋、冬季产的犊，产奶量和总乳脂量都多。

3.饲养方面的原因

(1) 饲料。饲料给量不足，营养不良时，产奶量大大减少。乳脂率反而有所上升，但总的乳脂量减少。

(2) 给水。饮水的水温和水量，对产奶也有一定的影响。

4.管理方面的原因

(1) 刷拭、牛舍卫生、运动、去角。

(2) 挤奶的时间和挤奶次数，都对产奶有影响。一般早晨这次奶，奶量多，而相对乳脂率较低；晚上挤的奶，奶量较少，乳脂率比较高。增加挤奶次数，奶量和乳脂量都增多。但次数过多，奶牛疲惫，影响繁殖，耗费人力，在经济上也是不上算的。

(3) 乳区。即使同一头奶牛，乳区不同出奶量也不同。一般左右乳区之间，没什么大的差别，而前后乳区的出奶情况，有较大的差别。前乳区产奶少，后乳区产奶多。

(4) 干奶期。干奶期长短对下一个泌乳期产奶影响很大。为了提高产奶能力，必须在产犊前干奶一个时期，令其休养。干奶期青年牛60～70天、成年牛40～45天较好。

(5) 挤奶人员和时间的变动。经常换挤奶人员，牛感到不安。挤奶人也不熟悉牛的脾气和奶头状态，产奶量必然受影响。变更挤奶时间，则影响已形成的排奶反射，也影响产奶。为此，挤奶人员和挤奶时间，要保持稳定，不要随意变动。

疾病防治

消化器官的疾病

1.食道梗塞

食道梗塞多半是采食了块根、块茎等大块食物，阻塞在食道内，使食道成闭塞状态。

(1)病因。喂饲马铃薯、白薯、甜菜、胡萝卜、南瓜等饲料，切得不碎块大时，常会造成此病。也有些传染病，如流行热等发生食道麻痹，也能诱发本病。

(2)症状。因不能咽下，所以采食饲料时，往往从鼻腔中逆流出来，并显著流涎。咽下或逆出时伴有咳嗽，由于不能反刍，瘤胃内蓄积气体，发生臌胀，经过2～3天常发生误咽性肺炎，此时体温升高，严重喘息，病情加重。

(3)防治。饲喂块根、块茎、瓜类饲料时，一定要切碎。防止牛偷吃这类未切碎的饲料，发现有此病，要赶紧请兽医，在兽医到来之前，不要给予饮水和喂饲。然后查明食块的阻塞部位，如在咽部，可从口腔入手取出。如在食道上半部，可在左侧颈部从外下部向上推食块，争取从口腔取出。如在下半部，可用胃管或气筒打气，把食块推入胃内。

2.前胃弛缓

此病是最常见的病。

(1)病因。由于过食，饲料在第一胃内充满，积滞；牛吃了大量精料或粗料，并在采食后饮水，食物在瘤胃内充满、积滞、臌胀，而引起本病。致使胃壁扩张，收缩力减退，引起消化障碍。此外，饲料突然变换，运动不足，疲劳过度等也是本病发生的诱因。

(2)症状。急性的，采食后1～2小时发病，精神不振，举动不安，反刍停止，不出嗳气，苦闷呻吟，瘤胃蠕动停止，左侧腹壁显著臌胀，按压硬感，有时有积气。呼吸浅而快，脉增数，眼结膜呈暗紫色，腹痛，频频回顾腹部。直肠检查，可触到坚固的瘤胃压到盆骨腔内。

(3)防治。在预防上，主要防止过食等原因和诱因。对发病牛，先停食。为促进瘤胃运动，用草把按摩左侧腹部，实行牵引运动，然后给予泻剂并灌肠，排出胃内容物。可用芒硝500克，小苏达80～100克，溶于10升水中灌服。之后予以健胃整肠，如用人工盐150克溶于水中灌服。恢复后，充分给予饮水。静脉注射10%葡萄糖酸钙500～1 000毫升或葡萄糖盐水1 000毫升，一次静注。

3.真胃移位

正常时真胃在右下腹部，变位到左侧第一胃和腹壁之间或者右侧发生捻转，引起急性或慢性消化不良，舍饲多因喂混合料发病。

(1)病因。本病与怀孕和产犊有关，一般在产犊后两周前后易发生。这是由于产犊后突然解除了怀孕子宫对第一胃的压迫，第一胃与下腹壁之间产生空隙，弛缓的第四胃便进入此处，引起第四胃左侧变位。其诱因，是运动不足等引起胃肠障碍，以及喂精料过多、粗料少，引起第一胃缩小、第四胃过劳。因此，喂饲以青、粗饲料为主的牛，很少发生本病。

(2)症状。发病急，突然绝食，反刍停止，表现苦闷。病情进展快，左侧变位者，左腹肋弓膨大，在该区听诊，可听到与瘤胃蠕动不一致的皱胃蠕动音，明显的铜管音。体重及产奶量逐渐下降，体温、脉搏、呼吸变化不显著。排软便，粪有恶臭，有时便秘与下痢交替发生。症状与创伤性网胃炎、慢性胃炎、肠炎、醋酮血症等很相似。在右侧移位，右腹肋弓膨大，冲击式触诊，可听动液体振荡音；直肠检查，在右侧可摸到膨满而紧张的皱胃。严重者脱水休克2～4天，可能引起死亡。

(3)防治。预防上主要应以青、粗饲料为主，适当补喂精料，给予足够的运动，以增强体质和胃肠机能。没有根本的治疗办法，只有早期发现进行手术治疗。

呼吸器官的疾病

呼吸器官疾病主要是肺炎。按照病理方面可分为：卡他性、格鲁布性、化脓性和坏疽性肺炎。按其病因分有：病毒性、细菌性、真菌性、误咽性等肺炎。

(1)症状。

格鲁布肺炎：是通常所说的急性肺炎，由细菌或病毒感染而引起。长途运输、感冒等都是引起本病的重要诱因。主要表现：精神不振，食欲减退，产奶量减少，咳嗽，突然高烧，体温持续数日后下降，呼吸快而困难，呈腹式呼吸。发烧后3～4天，流出茶褐色的鼻涕，继而带灰黄色，甚至为水样。约两周左右恢复。

卡他性肺炎：多为由支气管炎发展而来，也常伴有支气管炎。病因与支气管炎基本相同。症状比支气管炎重，发烧，热型不定，有湿咳、流脓性黏稠的鼻涕。

误咽性及坏疽性肺炎：是肺组织由细菌或异物等引起腐败、坏疽。如当咽喉炎症、麻痹、食道梗塞时，饲料误咽至气管之内引起本病。

开始表现卡他性肺炎的症状，后渐次加重，高烧，呼吸困难，流鼻涕，呼出气体有恶臭，鼻涕呈不洁的浓稠状，并混有饲料等异物。

真菌性肺炎：是由吸入真菌和吃发霉饲料而引起的。表现有与卡他性肺炎或坏疽性肺炎相类似的症状。

(2)防治。肺炎是很危险的病，如不早期、正确治疗，会发生死亡。要早期发现，早治疗。可同时用青霉素、链霉素肌肉注射。青霉素每次每千克体重4 000～8 000单位，链霉素每次每头1.5～2.5克，1日2次，连续用至体温下降后3天。也可用土霉素2.5克肌肉注射，或卡那霉素每千克体重15毫克、新生霉素每千克体重4毫克肌肉注射。也可用四环素每千克体重5～12毫克，静脉注射。也可用磺胺二甲嘧啶，每千克体重0.07～0.1克。要结合强心、补液、止咳、祛痰等综合对症治疗。

代谢病

醋酮血症：本病多发生于产后20天的母牛，最多不超过产后6周。主要特征是精神异常，第一胃代谢紊乱，厌食，产奶量减少，酮血、酮尿、酮乳。

(1)病因。由于过多喂饲含蛋白质、脂肪的饲料(特别是豆饼过多)，而含糖类饲料如青草、干草、青贮、块根、块茎、谷实青饲料不足时，引起体内酮体增高，而发生本病。此病常发生于营养好的高产奶牛，营养差的牛也有发生。

此外，创伤性网胃炎、真胃变位、生产瘫痪、子宫炎、前胃弛缓、饲料中毒、瘤胃代谢紊乱时，也会继发本病。

(2)症状。开始有轻微的行为异常，呼吸和排出的奶汁有轻微的醋酮气味。不过常不被人们注意。之后，症状逐渐明显，厌食，精神不振，出现过度流涎和舐食，出现异常咀嚼运动，肩部和腹胁肌肉抽搐。急性者过度兴奋，步行蹒跚，乱走乱撞。一般多表现精神萎顿，对外界刺激缺乏反应。初期体温稍高，一般体温正常，有时偏低。

瘤胃先呈饱满状态，而后变为空虚。粪便多坚硬，外表裹有黏液。外阴部常有分泌物，乳房常肿胀，乳静脉明显扩张，产奶量减少，乳汁有特异的醋酮气味。体重迅速减轻，皮肤失去弹性，尿呈黄色、水样，易形成泡。尿及汗水中都有醋酮气味。每100毫升尿中酮体高至100～1 000毫克。血酮也明显增高，且常伴有低血糖症。

(3)防治。为防止发生本病，要注意维持体内葡萄糖的稳定性，产前三个月开始就要喂红糖类和蛋白质丰富的饲料，以使产后泌乳不至损害体脂肪和体蛋白的代谢基础。在治疗上，主要用葡萄糖。如用50%葡萄糖1 000毫升静脉注射1日1～2次，或用270克葡萄糖配成1 440毫升水溶液，一日内分8次皮下注射。

为了解除酸中毒，可静脉注射3%～5%的碳酸氢钠溶液300～500毫升。此外，可肌肉注射促肾上腺皮质激素200～600单位。口服维生素$B_1$100毫克、甘油

500毫升，每天2次，连用7天，都有一定效果。

繁殖疾病

1.胎衣停滞

这类病发生的比较多，正常情况下，产犊后3~6小时胎衣就应排出，如超过10小时尚未排出，就应按胎衣停滞处理。

(1)病因。从生理上看，牛的胎儿胎盘绒毛很多分枝，发育好时与母体胎盘结合得很紧密，所以比其他动物难分离。

不过作为本病病理的原因，尚有许多不明之处。大体上，是由于子宫壁松弛，产后的阵痛微弱。产生这种情况的原因主要是：饲养管理失宜，怀孕期精料过多，缺少青饲料，缺钙、缺乏维生素A和维生素E，营养不良，运动不足等，以至造成体质软弱。

临床统计证明：年龄越大，胎次越多，发生的越多。高温的夏季发生的尤多。发生流产、早产、死胎、难产的母牛治疗不及时的，发生本病也多。此外，有传染性流行病、酮血病或双胎、子宫外口闭锁过早的牛，也常发生本病。

(2)症状。有的从外观上见不到什么变化，但绝大多数见有脐带、羊膜等垂于阴门之外。母牛常弓背、做排尿姿势，用力努责。食欲和产奶量下降。一般无明显的全身症状。如经几日尚未排出，则胎衣腐败、分解、发臭，这时分解产物被吸收，则出现食欲全无，体温升高等全身症状。如不及时治疗，轻者造成子宫内膜炎，最终成为不孕症，重者造成死亡。

(3)预防。怀孕期间注意预防，可减少发病率。为此，要多喂青绿多汁饲料，适当给予精料，给于足够的维生素和矿物质。夏季做好防暑降温，有计划地排开配种期，尽可能不在最热时产犊。对老龄、体弱、高产及病牛，要加强饲养管理，适当提前干奶，并可在产前10天用50%葡萄糖500毫升，4%氯化钙500毫升混合静脉注射，必要时再注一次，以预防本病发生。对流产、死胎、早产的要及时治疗。

(4)治疗。有药物疗法和人工剥离胎衣法两种。

①人工剥离胎衣法。在产后15～24小时内实行。方法是：站立保定母牛，先掏出直肠内的蓄粪，之后术者剪短磨平指甲，认真消毒手及臂，把右手伸入子宫内，插入子宫与胎膜之间，用左手在体外牵引外露部分胎衣，右手的中指和食指之间夹住宫阜之头部，用拇指头轻轻进行剥离，从近手处顺次剥离胎盘。待全部剥离后，先用生理盐水冲洗子宫，然后再用青霉素、链霉素或金霉素溶液冲洗，最后向子宫内注射含有金霉素或土霉素3～5克的溶液200～500毫升。此后每隔3天冲洗子宫1次，并注入抗菌素，连续治疗3～4次。

②药物疗法。当胎衣腐败，宫阜过大，胎儿胎盘

与母体胎盘连接紧密等情况下，难以剥离时，可采用药物治疗的方法。即向子宫内注入含有金霉素或土霉素3～5克的溶液200～500毫升，同时肌肉注射脑下垂体后叶激素和抗菌素，以促进子宫收缩，排出胎衣，并防止子宫内膜炎等症。此后每隔3天冲洗1次子宫，并注入抗菌素，连续治疗4～5次。

2.生产瘫痪

该病也称乳热病。本病易发生在3～5胎的母牛，产犊后3日内多发生。它为一种以昏迷和瘫痪为特征的急性低血钙症。产奶多、膘情好、精料过多、舍饲的牛发生的多。

(1)病因。多因为围产期高钙所引起。一般认为，产后乳房急骤活动，体内血液分布发生变化，并由于产犊后又大量产奶；饲料中给钙也不能马上满足产奶所需的钙，血液中的钙急剧缺乏，或者钙的代谢及甲状腺机能障碍引起本病。

(2)症状。病初表现不安，不爱运动，眼闪动，全身颤抖，流涎，伸舌，咬牙。头颈部和四肢痉挛，继而变为麻痹状态，呈犬坐姿势或横卧，爬不起来。呼吸深而缓，进一步失去精神，颈弯向体侧，如人为将其搬直，之后仍回到弯曲的特异姿势。体温降低，常低于36 ℃，脉搏80～90次，手感困难。有的由于胃肠麻痹，引起臌胀。

病的经过快，数小时达到病的极限，治疗得当一天可痊愈。本病多为酯酮血病的合并症。检查血液血钙降低至每100毫升为3.9～6.9毫克，也可检出酮体。

(3)防治。围产前期喂给含低钙高磷的饲料，一般精料中不添加钙就可以了，要求钙占干物质量的0.2%。增加维生素D的水平，并给予适当的运动和日光浴，可以减少发病。

对病牛的治疗，用乳房送风器向乳房内送风，有很好的疗效。如送风经过4小时仍不见效时，可再继续向乳房送风。但用此法要特别注意消毒，并在起立后一昼夜内不要挤奶。

(4)药物治疗。可用含有4%硼酸、20%的葡萄糖酸钙500毫升和用25%葡萄糖500毫升混合，缓缓静脉注入。如有醋酮血病合并症时，可用40%～50%的葡萄糖溶液反复静脉注射，每次500毫升。此外为强心注射安那加。也可在10%的葡萄糖中加入2%的氯化钙液2 000毫升静脉注射。用水杨酸钠咖啡因10克，蒸馏水25 毫升，稀释后皮下注射。

3． 产褥热

(1)病因。产道在分娩时受损伤，受到细菌感染引起本病。多半是在助产时消毒不严或难产助产时处理不当造成的。有时此病进一步发展，感染的病菌毒素或分解产物，通过血液、淋巴进入体内，引起败血症或脓毒败血症。

(2)症状。一般在产后2～3天发病，也有的在分娩中发病。其特征是有严重的全身症状，开始，体温升高到摄氏40～41度，鼻镜干燥，弓背努责，表现腹痛，食欲、反刍停止；之后精神萎靡，呼吸促迫，结膜开始呈红色，后变为暗紫色，皮温不整，步行蹒跚，下痢，全身衰竭。发生子宫炎，从产道流出混浊的液体。

(3)治疗。充分洗净、消毒产道，排除病原。内服磺胺嘧啶或磺胺二甲基嘧啶，一次40～50克，或静脉注射含有其5～10克的溶液，也可用青霉素60万单位、链霉素100万单位1次注射，1日2次，连用数日。为补充体液，静脉注射林格尔氏液、葡萄糖，一次2 000～3 000毫升。发生脓毒症时，用强心剂。

4.不孕症的防治

奶牛长期不发情，发情后屡配也不怀胎，叫不孕症。

(1)病因。其原因比较复杂，概括起来可分为3种：一种是饲养管理不当。饲喂不足，母牛体质瘦弱。内分泌减少，生殖机能减退，卵巢不发育，萎缩变小。饲料配合不当，缺乏维生素、矿物质和微量元素，或长期喂给过多的精料，缺乏运动，母牛过肥等都能发生不孕。第二种是生殖器官发育不正常。一是生殖器官畸型。常见有阴道闭锁，尿道过度发育，双子宫颈、无子宫和子宫发育不全等。二是两性畸形。有的母牛具有发育不全的两性生殖器官。三是异性双胎。母牛的双胎率约占5.7%，其中异性双胎的母牛犊，雌性生殖器官缺少某一部分，或发育不全，这类母牛有90%不能生殖。四是幼稚病。由于母牛内分泌机能异常，达到性成熟时，生殖器官发育不全，没有生殖能力。五是生殖器官患疾病。如阴道炎、子宫颈炎、子宫内膜炎、卵巢囊肿、卵巢硬化、输卵管炎等都能引起母牛不孕。第三种是配种方法不当，母牛发情后配种不适时，特别是近年大面积推广冷冻精液配种，由于输精器消毒不严，造成人为的感染疾病，这也是不孕症发生的一条重要原因。

(2)症状。生殖器官异常引起不孕的个体，在临床上无特殊表现，在阴道和直肠检查时，可发现畸型部位和状态。两性畸型，异性双胎或幼稚病的母牛，有时也有发情的表现，但是很不规律，多数表现得不明显甚至不发情。饲养管理不当引起的不孕，其膘情很不正常，有的过瘦或过肥，直肠检查时可发现卵巢萎缩、变硬、无滤泡发育，有时有持久黄体，有时也有滤泡，但不排卵。配种方法不当引起的不孕，一般表现健康，无病症，生殖器及其机能正常。

(3)防治。要加强饲养管理和保健。合理搭配日粮，尽量做到全价饲养，饲料调制和品质要合理，合乎卫生要求，坚持规范化饲养，改善牛舍的卫生，产前按时干奶，保持母牛的良好体况。要及时掌握母牛发情期，适时配种。搞人工授精的要严格执行技术操作规程。要定期对母牛进行防疫和检疫，搞好疾病防治，发现有生殖器官疾病，及时进行治疗。

怎样防止乳房炎

乳房炎是奶牛的常发病，也是对奶牛业危害最大的病，一般占成乳牛头数的20%～30%，多者达40%～50%。因乳房炎废弃的奶牛，也相当多。乳房炎重者乳区化脓、坏死、萎缩，以致造成永久失去泌乳能力，经济损失相当大。

(1)病因。乳房炎主要是细菌感染引起的。如葡萄球菌、链球菌、大肠杆菌、棒状杆菌、绿脓杆菌等。最近也有人报道支原体、病毒也与乳房炎有关。

这些微生物的感染有两种情况，一种是细菌已在体内存在，经血液循环转移到乳房而引起乳房炎。如牛结核、子宫内膜炎等可继发乳房炎。另一种情况，是由环境不卫生，管理不良，细菌从乳头或破伤处侵入的。

此外，乳房炎的发生与季节、年龄、胎次、挤奶技术、挤奶方法也有关。夏季高温、多湿，运动场泥泞，牛卧在不洁净的环境中，发病多；老龄，产8，9，10胎的发病多；产1～3胎的年轻母牛发生的多；挤奶不遵守操作规程，不认真清洗、按摩乳房，奶不挤净等也发病多。

(2)症状。根据临床表现，乳房炎可分为隐性型乳房炎（亚临床乳房炎或潜在性乳房炎）和临床型乳房炎两类。

①隐性乳房炎。系指乳房炎尚无临床表现，乳汁无肉眼可见的异常，但用化学和细菌学的方法能够查出乳汁异常。此时用显微镜可以观察到乳腺组织发生的小病灶。这种乳房炎长时间持续时，乳腺机能降低，如有其他诱因，很容易成为临床型的乳房炎。这种乳房炎的患病率也相当高，有不少报道，按乳区计算都在20%～50%之间。这种乳房炎也使产奶量大大下降，造成的损失也是很大的。

②临床型乳房炎。即乳房、乳汁发生肉眼可见的变化。根据发病的程度，又可分为3种：

a.轻型乳房炎。乳房肿胀、疼痛不明显，或只有轻微的肿胀、疼痛、食欲、体温正常，产奶量也变化不大，只是乳汁性状的变化。此时的奶稍稀薄，呈灰白色，挤奶开始的头几把奶或在挤奶中出现絮状物。如发生在停奶时，则奶呈黄白色、黏稠状，如脓样。

b.重型乳房炎。体温升高，食欲、产奶量下降，病乳区皮肤发红、乳房肿胀、质硬，有热、有痛。乳汁呈淡灰色。

c.恶性乳房炎。多为重型乳房炎发展而成，也有突然发生的。病症重剧，体温升高，达41～42 ℃。精神沉郁，食欲全无，心跳增数，泌乳停止。患区与整个乳房严重肿胀、坚硬，皮肤红、肿、热、痛。如挤奶，患区乳房只能挤出黄水或血水。

如果治疗及时，轻度乳房炎1～2天内可痊愈，重者7～10天痊愈。恶性乳房炎则难治疗，常常维持时间长，即使耐过，也遗留下乳房萎缩、硬结，失去泌乳机能。也有的乳房坏死，发生败血症，结果不得不淘汰。

(3)防治。最重要的是先预防，防止乳房炎发生。为此，第一，搞好牛体、乳房、乳头和周围环境的卫生，防止细菌感染。防止牛床和运动场积水，牛爬卧之处要清洁、干燥、垫草。第二，防止乳房受外伤，牛舍及运动场上如有铁钉、铁丝等尖锐物体，要及时清除。第三，搞好挤奶卫生，洗乳房的水应清洁、勤换，要认真清洗整个乳房，夏季可用0.25%的漂白粉水、1‰的高锰酸钾或新洁尔灭液洗乳房。第四，挤完奶后可用1‰新洁尔灭、1‰碘溶液等浸泡乳头，以防止细菌感染。第五，隔离乳房炎病牛，病牛的挤奶用具要单独使用，不可与健牛混用；病牛奶不可挤到牛床上，要用专用容器收集，单独处理。第六，认真按操作规程要求挤奶。第七，按要求正确实行干奶，向乳头内注入抗菌素液或干奶软膏。第八，改善饲养管理，提高全身及乳腺的抵抗力。

(4)治疗。关键是早期发现、早期治疗。对轻症者，温热按摩疗法，增加挤奶次数，细致地挤奶可以治愈。也可以外敷鱼石脂酒精、鱼石脂软膏，注射抗菌素。对重症者，可用1‰的雷佛奴尔溶液洗乳房，在挤奶后从乳头注入200～250毫升，轻轻按摩乳房，约1分钟左右，挤出药液，然后再注入400～500毫升，经15分钟左右再挤出来，最后注入含有20～40万单位青霉素和1克链霉素（或其他抗菌素）的溶液50～100毫升。可间隔1周连续洗乳房2～3次。

(5)全身治疗。应用磺胺或抗菌素。并实行对症治疗，实行强心、补液、解热、解毒等措施。引起乳房炎的细菌多为葡萄球菌和链球菌，应选用对这类细菌抗菌力强、耐药菌少、并能深入到病灶内的一般常用红霉素、金霉素、土霉素、北里霉素。

犊牛下痢的防治

(1)病因。引起犊牛下痢的原因很多，最常见的有：

①细菌感染。特别是感染大肠杆菌、沙门氏菌引起的下痢最危险，死亡率很高。主要是喂饲不当、犊牛抵抗力降低、喂奶器具不卫生、周围环境不干净及舐食污物造成的。

②饲养管理不当。如气候变化，犊牛着凉，母牛因病服药，通过奶刺激犊牛消化道，生后胎便未及时排出，分解刺激肠黏膜，奶中缺乏维生素A与奶质不良等，都可引起下痢。

③喂奶不当。除奶与用具不洁净外，奶的温度不正常，乳量不定等常引起消化不良，造成下痢。

(2)症状。食欲不振到完全丧失食欲。精神不振，发呆，呈疲劳状，体温升高，四肢发冷，粪便稀软到拉稀，有的呈水泻。初期粪便呈暗黑色，而后呈灰绿色和灰黄色，混有泡沫，有恶臭，有时混有血液，最后大便失禁，经1～3天虚脱而死亡。

(3)防治。犊牛对外界刺激缺乏抵抗力，最容易发生下痢。为此，最重要的是针对病因，搞好饲养管理。如生后5～7天内必须喂初乳，犊牛放在单独的犊牛栏内，给足够的垫草，注意消毒，保持清洁、干燥，喂奶要定时、定量、定温，喂奶用具要清洁。流行大肠杆菌等传染性下痢时，可在生后3～10小时内用金霉素预防，每次1克，每天3次，连用3天，混在奶中给予，效果很好。

已经发生下痢的，要及时除去病因，搞好护理，并注射青霉素或磺胺。也可肌肉注射庆大霉素，一次24万单位。静脉注射5%葡萄糖生理盐水1 000毫升。也可用灌服磺胺胍等，每次3克。为了调解电解质平衡和解毒可注射复方盐水、碳酸氢钠。不要急于用止泻药。当有腐败发酵或异常分泌物时，可经口灌服木炭末。

奶牛的主要传染病

1.牛结核

该病是人畜共患的慢性传染病。

(1)病因。由结核杆菌引起的。结核菌的种类很多多。既有人型结核菌，又有牛型、禽型和鼠型结核菌等，牛都可能感染。传染源主要是病牛的唾液、乳汁、粪尿中保存的结核菌。其污染的饲料、饮水等经消化道感染健康牛，病牛咳嗽时，飞沫中的细菌或者污染物，通过呼吸道也感染健康牛。有结核的病人管理健康牛，也能把病传染给牛。病牛与人接触，或通过牛奶，也可把结核传染给人。

(2)症状。潜伏期不一定，从2～3周到数个月。一般此病为慢性经过，开始没什么明显变化，而经半年到一年之后，随病逐渐发展，日渐贫血、消瘦，产奶减少。有咳嗽，侵犯支气管时听到水泡音。乳房结核，不痛，但产生硬块，乳房表面凸凹不平，乳房淋巴腺肿胀，泌乳减少，乳汁黄绿色，浑浊、水样，乳中有结核菌。肠结核，引起慢性顽固的便秘，或便秘与下痢交替发生。

(3)诊断。皮内注射结核菌素，定期进行检疫。

(4)防治。没有好的疗法，病牛应及时淘汰。要注意预防，注意平时的饲养管理和防疫卫生，提高牛的抗病力。切断传染来源，养牛者一定不要是结核病患者或带菌者。

外购牛必须隔离检疫3个月以上。经3次检疫，检出病牛及时淘汰。对发生结核病的牛群，作为病牛群实行检疫净化。即淘汰病牛后，每隔1～1.5个月检疫1次，直到再检不出病牛，方可视为健康牛群。以后每年还要定期检疫2次。同时从病牛群所产的犊牛中培育健康牛群，即阳性母牛所产牛犊生后，立即与母牛分开饲养，产后5～7天仍喂其生母的初乳，但用具应严格消毒，以后改喂健康牛奶或消毒奶。犊牛也要定期检疫，即在生后20～30天、100～120天、180天各检疫1次，健康者才可转入健康牛群。牛舍要彻底消毒，用3%热火碱水洗刷之后，用1%来苏儿或3%福尔马林或石灰水等消毒。

2.布氏杆菌病

布氏杆菌病也称传染性流产，对奶牛业危害很大，不过，呈大面积流行较少。因此，人们往往不予重视，以致有些地方此病在牛群中蔓延。此病之所以危害大，因为它是人畜共患的传染病，通过病牛奶可以把病传染给人。养牛者应十分注意此病的防治。

（1）病因。该病是由布鲁氏杆菌引起的。此菌有3个类型，即牛型、羊型、猪型。它们对所有家畜几乎都有致病性。不过，自然病例主要见于牛、羊、猪。这3个型都能感染人，而其中以羊型病原性最强。

本病的主要传染源来自病畜和带菌畜，病菌存在于他们的内脏和血液中，并随唾液、乳汁、精液、粪尿等排出，特别是当发生流产时，病菌随母畜的胎水、胎衣、胎儿、子宫阴道分泌物排出，污染周围环境，造成扩大传染。公牛的精液中也含有病菌。

该病的传染途径，主要是消化道、生殖道，皮肤黏膜等途径也可传染。

（2）症状。潜伏期在30天左右。主要表现是怀孕中牛发生流产，胎衣停滞。常常发生这样情况：母牛头胎流产，而第二胎正常。流产前2~3天，外阴部红肿，流出黏液。也有的胎儿死亡，形成木乃伊，这种情况下常排出恶臭的液体。本病还常发生关节炎、淋巴结炎等炎症。公牛表现睾丸炎及精索炎。

(3)防治。没有特效治疗药物，主要应搞好预防。

健康牛群，要严格遵守防疫卫生制度，防止病菌传入。不要从疫区买牛，凡是买牛都要经兽医部门检疫，防止病牛带入病菌。对原有的牛群至少每年都要进行两次检疫，检出阳性病牛要及时淘汰。否则会使整个牛群传染上本病。

对病牛较多的牛群，检出的阳性牛进行隔离饲养，所生牛犊及时隔离出去，以培养健康牛。

3.口蹄疫

口蹄疫是牛、羊等偶蹄动物的急性、热性、高度接触性的传染病。该病传染性极强，危害性极大。

(1)病因。是由口蹄疫病毒引起的。该病毒有7个主型、60多亚型。病毒主要存在于病牛的血液和各种脏器中，通过粪、尿、奶、唾液、水疱皮、水疱液、精液等分泌物、排泄物以及呼出的气体向外排出，直接、间接传染健康家畜。

(2)症状。潜伏期2~7天。表现精神不振，体温升高到40 ℃以上，舌、齿龈、颊黏膜发生水疱，流涎，采食、反刍停止，约经一昼夜水疱破裂，形成红色糜烂面。此后，体温下降，糜烂面和全身状况逐渐好转。

往往在口蹄疫病牛的口腔内发生水疱的同时，蹄冠、趾间的柔软皮肤上也发生水疱，水疱破溃后形成糜烂，不感染者逐渐愈合；有合并感染者形成化脓、溃疡、坏死，严重者蹄壳脱落。由于蹄部病变，产生跛行。有的乳头上也有水疱。一般性口蹄疫取良性经过，死亡率不高，但对牛的健康和产奶量造成很大影响。恶性口蹄疫死亡率可达50%以上。

(3)防治。一旦发现有本病可疑时，要立即报告当地兽医防疫部门，尽快采取封锁隔离病畜。彻底消除污染场地和用具，用2%的苛性钠消毒，直到解除封锁。对健康牛要采取疫苗注射及“顶风”防疫的办法，迅速控制和扑灭疫情。

附　　录

哈尔滨德旺饲料有限责任公司
奶牛饲养管理程序

一、配种

1.育成母牛初配应在14～18月龄，以体重达到350公斤为准。小于14个月配种易难产，大于18个月龄产奶量降低。

2.母牛发情表现兴奋不安，生殖道潮红肿胀，分泌黏液。

3.选用优质冻精配种，输精时间：接受爬跨8～24小时配种，最佳时间16～20小时，受胎率最高。

对产后70天不发情的牛或发情不正常的要及时检查，有病及时治疗。

二、分娩

1.母牛妊娠285天分娩，产前对母牛外阴消毒，产房要厚垫草，做接产准备，舍内温度要保持在15 ℃左右。

2.胎儿头蹄露出后，撕破羊膜，尽量让牛自动产出，用消毒毛巾清除口腔、鼻孔黏液，靠脐10厘米处断脐带，用碘酊消毒，将犊牛身上黏液擦干，除去软蹄，称重入犊牛舍。

3.产后按摩乳房，热敷，第一次挤奶不要挤净，逐日增加第一次挤奶够犊牛吃就可以，第二次挤二分之一，第三次挤三分之二，第四次挤四分之三，到第五天可全部挤净。

三、育犊

1.出生到6个月为犊牛

2.犊牛出生后应做到三早四定。

3.早吃初乳。犊牛出生后1小时内必须喂上初乳。第一次喂奶一定要喂饱(2千克)。吃初乳的犊牛，7天后免疫力同成年牛一样。

4.早开食，出生后4天给饮水，7天喂精料，料入瘤胃才促进发育，逐渐加料，自由采食。

5.早断奶。犊牛日采食1～1.5千克精料就可以断奶。60天左右断奶。瘤胃靠精料刺激才发育快，而不是靠奶和草。冬喂300千克奶，夏喂250千克奶。

6.喂奶要四定，定量：日5千克；定温：奶温37 ℃～38 ℃；定时：日3～4次；定人：不要换人。

四、育成牛饲养

1.7～24月龄为育成牛

7～14月龄为小育成

14～24月怀孕后为生长母牛

8～12月龄的牛发育最快，需要能量和蛋白质都高，要满足营养需要，防止发育受阻。

2.防止育成牛过瘦，日喂精料混合料2～3千克，保持7～8成膘，体重达到350千克就可配种。

3.防止育成牛过肥。15个月龄超过400克就过肥，过肥乳房被脂肪包埋形成肉乳，影响以后产奶。同时易难产，又难孕。

3.配种时不能小于14个月龄，不能大于18个月龄。

五、围产期的饲养

1.产前后各15天为围产期

2.此阶段又可叫做危险期，70%的牛病都发生在这一阶段，如：前胃病、乳房水肿、难产、胎衣不下、产后瘫痪、真胃移位、乳房炎等。

3.低钙或喂阴离子盐可防止产褥热。

4.采用引导饲养，产前20天在给1.8千克精料基础上日加精料0.5千克，直增到5千克，不超过体重的1%。

5.入产房前牛舍消毒，厚垫草，牛体消毒。

6.饲料不要突变，少给盐，防止腹下浮肿。

产前三天饮盐水麸皮粥(2千克麸子100克盐20千克温水)，产后饮麸子粥加1市斤红糖。

六、泌乳盛期饲养

1.产后16～100天为泌乳盛期

2.产奶量是整个产奶期的56%左右，需要高能量高蛋白饲料，好草好料要用在刀刃上。

3.此期奶牛出现能量负平衡，产奶高峰在6～8周出现，采食量高峰在10～12周出现，产1千克奶0.4千克精料。

4.注意5个平衡：体重和采食量平衡，采食量不能超过体重3.5%；精料和粗料平衡，精粗比60：40；能量和蛋白平衡，蛋白过高过低都不行；钙磷得平衡，日粮钙0.7%磷0.45%；酸碱平衡，瘤胃pH6.5～7，每天要喂小苏打；

5.引导饲养法：在原给精料基础上再给10%，但日喂量不能超过15千克。

七、泌乳中后期饲养

1.产后101～200天为泌乳中期

产后201～305天为泌乳末期

2.此期产奶量缓慢下降，体膘处于恢复期。

3.按3千克奶给1千克精料喂，精粗比为40：60。

4.泌乳后期犊牛在体内发育最快。增重部分主要是犊牛重量增加。使产奶量缓慢下降。

产奶末期精料逐渐减少，精粗比为30：70。

八、干奶期饲养

1.停奶～产前15天为干奶期

2.干奶期犊牛压迫腹腔，母牛采食量下降，为满足需要，多补充Va、Ve和亚硒酸钠，防止发生子宫炎和乳房炎。

3.日喂2～3千克精料(视膘情而定)，有好的粗饲料如苜蓿，羊草，就可以不喂精料。粗粗比20：80。

干奶法：高产牛慢干奶15天干完，低产牛快干奶7天干完，干奶时不喂多汁饲料，少给盐，逐渐减少精料和减少挤奶次数。干奶完时把奶挤净，向乳头里注干奶软膏或用豆油稀释青霉素，每个乳头注一支，常观察，发现有乳房发炎，要治好重新干奶。

九、饲料

1.粗饲料：优质干草、苜蓿、青贮、秸秆、块根饲料等。

2.精饲料：

(1)能量饲料：玉米、高粱、小麦、大麦等

(2)蛋白质饲料：各种饼粕类如豆饼、棉粕、菜粕、亚麻粕等。

(3)矿物质饲料：常量元素钙、磷、硫、镁、钠、氯等；微量元素如铜、铁、锰、锌、硒、碘、钴等。

(4)维生素：AV、VD、VE等。

(5)瘤胃微生物营养调控剂，乙酰氧肟酸、酵母、酶等，上5类混合配制成精料混合料。

3.粗料、精料按各阶段奶牛营养需要合理配制。

4.水

十、挤奶

1.挤奶前将母牛后部、腹部及牛尾清洗干净，用40～50 ℃温水擦洗乳房、乳头、乳镜。

2.乳房按摩，待乳房肿胀，乳静脉怒胀时开始挤奶。用拳握法挤奶，丢掉第一把奶，挤奶开始和结束时，挤压速度要放慢，每次要挤净并擦乳房。

奶具要彻底清洗消毒，先用冷水冲洗，然后用温水洗，再用0.5%火碱水刷洗，最后用清水洗净擦干。

十一、管理

1.要有记录，产奶量、喂草料量、配种、产犊、产后疾病、治疗、发病结论等要详细。

2.牛每天运动2小时。

3.防寒、防暑、防潮。

4.牛体刷拭。

5.每日光照。

6.修蹄，年修两次。

7.牛舍、用具要定期消毒，用火碱水2%或来苏儿。

8.定期防疫检疫。

9.犊牛去角。生后7天开始去角。

10.育成牛按摩乳房

十二、母牛、育成、犊牛的营养需要

类别	日粮干物质占体重/%	奶牛能量单位/个	粗蛋白/%	钙/%	磷/%	精粗比	粗纤维/%
干奶期	2～2.5	1.75	11～12	0.6	0.3	30:70	20
围产期	2.5～3	2	13	0.2	0.3	40:60	23
泌乳盛期	2.5～3.5	2.4	16	0.7	0.45	60:40	17
泌乳中期	3～3.2	2.13	13	0.45	0.35	40:60	18
泌乳末期	3～3.2	2	13	0.45	0.35	30:70	20
犊牛哺乳期	2.5～3	2.4	13	0.7	0.4		
犊牛断奶期	2～2.5	2.2	12	0.65	0.35		
育成牛	1.8～2.2	2	12	0.65	0.4		

十三、配方

	原料名称	母牛泌乳期		产前15天	干奶期	犊牛	育成牛
		盛期	中后期				
日粮精料组成	玉米	50	50	50	50	39	50
	豆饼(粕)	35	33	37	34.7	35	33
	麸皮	8.5	10	7.2	9.3	5.5	11.2
	德旺预混	4	4	5	5	5	5
	高粱面					10	
	鱼粉					5	
	苏打	1.5	1.5				
	盐	1	1.5	0.8	1	0.5	0.8
精料营养成分	粗蛋白≥	20	18.5	20	20	22	19.5
	钙/%	0.9～1.2	0.6～0.8	0.15～0.2	0.5～0.7	1.2～1.5	0.6～0.8
	磷/%	0.6～0.8	0.6～0.8	0.35～0.45	0.4～0.6	0.6～0.7	0.4～0.6
日粮要求	干物质占体重/%	3.5	3.0～3.2	2.5	2～2.2		1.8～2.2
	精粗比	60:40	40:60	40:60	30:70		30:70

说明：1.各阶段所用预混料都是专用的，不能互相替代。

2.产奶盛期产1千克奶喂0.4千克精料，用引导饲养法在此基础上加10%，精料总量不能超过15千克。

3.产前20~15天用引导饲养法日增喂精料0.45千克，最高饲喂量时不超过5千克(体重1%)。

4.产奶中后期日喂 精料按产1千克奶0.4千克精料饲喂。

5.干奶期日喂精料2~3千克。

6.育成期日喂精料2~3千克。

7.犊牛出生后7天给开食料，逐渐增加，自由采食。

8.以上各阶段粗饲料要喂饱，粗料只喂秸杆产奶量很难达到年产5吨奶，所以高产奶牛必须在粗料上下功夫，喂青贮和苜蓿才能发挥出高产奶牛的遗传潜力。

9.怀孕母牛喂酒糟量大时易流产，日喂量不要超过5千克。